Der Natur auf der Spur

Springer Nature More Media App

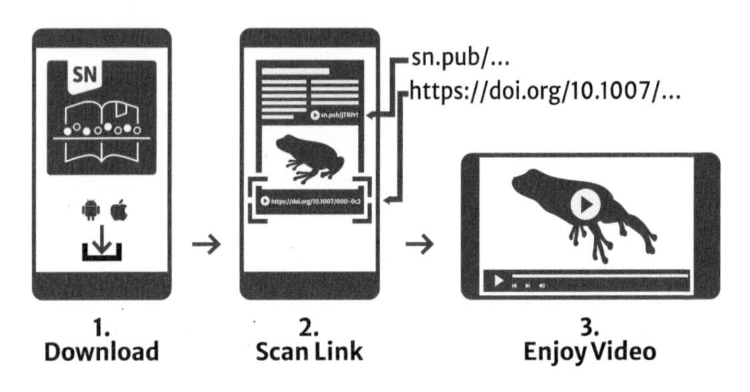

Support: customerservice@springernature.com

Andreas Korn-Müller

Der Natur auf der Spur

Experimente für drinnen & draußen für die ganze Familie

Andreas Korn-Müller
Dresden, Deutschland

Die Online-Version des Buches enthält digitales Zusatzmaterial, das durch ein Play-Symbol gekennzeichnet ist. Die Dateien können von Lesern des gedruckten Buches mittels der kostenlosen Springer Nature „More Media" App angesehen werden. Die App ist in den relevanten App-Stores erhältlich und ermöglicht es, das entsprechend gekennzeichnete Zusatzmaterial mit einem mobilen Endgerät zu öffnen.

ISBN 978-3-662-67397-3 ISBN 978-3-662-67398-0 (eBook)
https://doi.org/10.1007/978-3-662-67398-0

Die Deutsche Nationalbibliothek verzeichnet diese Publikation in der Deutschen Nationalbibliografie; detaillierte bibliografische Daten sind im Internet über http://dnb.d-nb.de abrufbar.

Covergestaltung: deblik, Berlin

Planung/Lektorat: Stefanie Wolf
Springer ist ein Imprint der eingetragenen Gesellschaft Springer-Verlag GmbH, DE und ist ein Teil von Springer Nature.
Die Anschrift der Gesellschaft ist: Heidelberger Platz 3, 14197 Berlin, Germany

Vorwort

Liebe Leserinnen und Leser,
Liebe Schülerinnen und Schüler,
Liebe Kinder und Jungforschende,

Die Natur steckt voller Überraschungen! Wenn man genauer hinschaut, entdeckt man spektakuläre physikalische Phänomene, faszinierende biochemische Reaktionen und spannende biologische Strukturen. Mithilfe der Experimente und den Erklärungen kommen Sie/kommt Ihr hoffentlich der Natur auf spielerische Weise und mit viel Spaß auf die Spur und somit ein Stück näher. Darüber hinaus wird deutlich, dass die drei großen Wissenschaften Biologie, Chemie und Physik stets zusammenhängen und quasi eine Symbiose bilden, mit der wir die Natur und die Umwelt besser verstehen – im Wald, im Park, im Garten, auf der Wiese, am Bach, am Teich, am Meer. Zu allen vier Jahreszeiten habe ich versucht, passende Experimente anzubieten, die dafür mit einem entsprechendem Jahreszeiten-Logo gekennzeichnet sind. So sehen sie aus:

Frühling:

Sommer:

Herbst:

Winter:

Diese Logos geben an, in welcher Jahreszeit man das Experiment (am besten) durchführen kann. Oft sind mehrere Logos gleichzeitig zu sehen, da viele der Experimente einen weiten Monatsbereich aufweisen. Ist eine Jahreszeit besonders gut geeignet, dann ist das entsprechende Logo doppelt umrandet.

Ich habe mein Buch in sechs Kapitel unterteilt, die sowohl Indoor- als auch Outdoor-Experimente beinhalten.

1. Erstaunliche Pflanzen (drinnen-Experimente): Fleischfressende Pflanzen, wie der Sonnentau und die Venusfliegenfalle, kann man mit Gummibärchen „füttern". Sie werden gnadenlos verdaut. Kohlrabiblätter zeigen fantastische Lotuseffekte mit Honig, Tinte und Graphitpulver. Videos dazu sind abrufbar.
2. Im Garten, auf Wiese, Terrasse oder Balkon (drinnen- und draußen-Experimente): Das Blattgrün (Chlorophyll), die Herbstfärbung und die Photosynthese werden besprochen, gefolgt von Experimenten mit Chlorophylllösungen. Mit ihrem roten Leuchten kommt man der Photosynthese auf die Spur. Beim Treibhauseffekt in der Flasche geht es um den Klimawandel. Gras wird heiß, ein Busch wird zur Lichtorgel mit einem Laserpointer und die krasse Kresse wächst wie man will.
3. Im Wald, im Park, auf der Wanderung (draußen): Ich hoffe, die Begeisterung für Flechten überkommt auch Sie/Euch, denn mit ihnen kann man die aktuelle Luftqualität recht gut abschätzen. Egal, wo Sie wohnen, mit dem Flechtenraster ermitteln Sie die Luftgüte direkt vor Ort. Gelbflechten leuchten herrlich im UV-Licht. Zwei Methoden zur Baumhöhenmessung sind beschrieben und das Geheimnis der geöffneten Tannenzapfen wird ebenfalls gelüftet.
4. Am Teich, Tümpel, Weiher oder See (draußen und drinnen): Mit der „Laserpointer-Tropfen-Methode" kann man unsichtbare Mikroorganismen, Zellen und Plankton sichtbar machen, ganz ohne Mikroskop! Unglaublich, was sich an Lebewesen in den Gewässern so tummelt. Spektakuläre Videos dazu sind abrufbar. In einer Seifenblase kann man sehr schön die Lichtreflexion und die Brechung eines Laserpointerstrahls beobachten. Schickt man den Laserstrahl aber durch eine kleine Eisscholle, entsteht ein wahrer Discoeffekt.

5. Die dunkle Seite der Natur (draußen und drinnen): Mit einer UV-Taschenlampe geht es bei Dunkelheit auf Leuchtspursuche, denn zahlreiche Naturobjekte leuchten (fluoreszieren): Obst, Gemüse, eine Grusel-Paprika, Moos, Pilze, Wasserlinsen, Flechten, Asseln, Mineralien aber auch Müll im Gebüsch werden Sie damit aufspüren.
6. Am Strand (draußen): An der Nordsee hatte ich das Vergnügen, das Meeresleuchten hautnah zu erleben – ein unvergessliches Erlebnis. Meine Kinder waren begeistert. Falls Sie an der Nord- oder Ostsee kein blaues Leuchten genießen konnten, macht nichts, mit einer UV-Taschenlampe sorgen Sie selbst für herrliches Leuchten am Strand: Algen, Tang, Krebspanzer, Muscheln und Quallen fluoreszieren rot, orange, gelb und blau – ein echtes Farbspektakel in der Nacht. Tagsüber können Kinder Sandlawinchen buddeln oder – falls Lust und Laune – Kreidefossilien, Hühnergötter und Bernstein an der Ostsee sammeln. Wie weit Sie Ihren Blick bis zum Horizont schweifen lassen können? Die Antwort lesen Sie hier.

Nun wünsche ich Ihnen und Euch viel Freude, Spaß und Erfolg beim Natur-Experimentieren und hoffe, dass Sie und Ihr durch meine Zusammenstellung viel Neues und Interessantes erfahren/erfahrt. Vielleicht wird mein Buch auch Ihr/Euer ständiger Reisebegleiter, wenn es ab in die Natur oder ans Meer geht. Seien Sie der Natur auf der Spur!

Ihr/Euer Andreas Korn-Müller – „Magic Andy"

Andreas Korn-Müller

Danksagung

Für die Erstellung der Grafiken und Tabellen danke ich meinem Sohn Melvin Müller sehr herzlich!

Für den anregenden wissenschaftlichen Austausch und die wertvollen Hinweise gilt mein Dank Herrn Dipl.-Phys. Reinhard Fink, Herrn Dr. rer. nat. Till Biskup und Herrn Harald Steinhofer.

Frau Elisabeth Link danke ich sehr für die aufschlussreiche und informative Flechten-Exkursion im Schwarzwald.

Inhaltsverzeichnis

Über den Autor

Andreas Korn-Müller studierte in Tübingen Chemie und promovierte 1994 am MPI für Biochemie in Martinsried. Nach einer zweijährigen Post-Doc-Forschung im HIV-Hochsicherheitslabor der LMU München arbeitet er seit 1997 freiberuflich auf dem Gebiet der Wissenschaftsvermittlung. Neben diversen Ausstellungen an Museen hat der mehrfach ausgezeichnete Preisträger acht verschiedene Wissenschaftsshows entwickelt, die er unter dem Künstlernamen „Magic Andy“ weltweit vor allem auf Science Festivals für jung und alt erfolgreich aufführt. Bisher hat er vier (Kinder-)Sachbücher sowie zahlreiche Beiträge für Fachzeitschriften geschrieben.

1

Erstaunliche Pflanzen

Zusammenfassung Man nehme ein Gummibärchen und eine fleischfressende Pflanze und schon bald ist es um das arme Gummibärchen geschehen. Mit Haut und Haaren wird es verdaut, aufgeweicht und aufgelöst. Innerhalb weniger Tage können Sie den Verdauungssäften von Sonnentau oder Venusfliegenfalle bei der Arbeit zuschauen – gruselig! Klappe zu – Gummibärchen Brei. Beim Lotuseffekt von Kohlrabiblättern geht es zivilisierter zu. Honig findet keinen Halt auf der Blattoberfläche und Tinte wird aufgesaugt, sobald ein Tropfen Wasser ins Spiel kommt. Graphitpulver kann an jeder Oberfläche „kleben" – aber nicht am Kohlrabiblatt. In diesem Kapitel können Sie sich auch erstaunliche Videos zum Lotuseffekt anschauen. Die Natur bietet mit Herbstlaub und

---

Ergänzende Information Die elektronische Version dieses Kapitels enthält Zusatzmaterial, auf das über folgenden Link zugegriffen werden kann https://doi.org/10.1007/978-3-662-67398-0_1. Die Videos lassen sich durch Anklicken des DOI Links in der Legende einer entsprechenden Abbildung abspielen, oder indem Sie diesen Link mit der SN More Media App scannen.

A. Korn-Müller, *Der Natur auf der Spur*,
https://doi.org/10.1007/978-3-662-67398-0_1

Schwefelflechten weitere Meister des Lotuseffekts, die entdeckt werden möchten. Regenwetter? Ideal! Für drinnen kann man einen pH-Indikator aus Radieschenschalen zubereiten – Farbenwechsel-Spielchen inklusive. Alle Experimente sind leicht nachzumachen.

1.1 Fleischfressende Pflanzen

Wer kennt sie nicht, die sogenannten „fleischfressenden" Pflanzen, aus Dokumentarfilmen oder als gigantisch mutierte Fressmonster in irrwitzigen Horrorstreifen oder auch aus Animationsfilmen wie „Ice Age". Karnivoren heißen Pflanzen, die kleine Tiere – insbesondere Insekten – fangen und verdauen, also auffressen können. Dies tun sie aber nicht mit Zähnen, Kauen, Speichel und Magensäure, sondern mit einer besonderen Flüssigkeit. Diese Flüssigkeit enthält Verdauungsenzyme, die Hülle, Gewebe und Organe der Beute auflösen. Insekten bestehen u. a. aus ihrem Chitinpanzer (lange Zuckerketten) und Protein (lange Aminosäureketten), wobei die Karnivoren hauptsächlich am Protein interessiert sind. Die Verdauungsenzyme kann man sich vorstellen wie molekulare Heckenscheren und Motorsägen, die sich millionenfach auf die gefangene Beute stürzen und diese in unsichtbar kleine Protein-Stückchen zerteilen. Bis ein gefangenes Tier vollständig verdaut ist, dauert es viele Tage. Das arme Vieh! Die Protein-Häppchen werden schließlich in die Pflanze transportiert und sorgen als Nährstoffe für das Wachstum der Karnivore. Hauptgrund für die ausgeprägte Lust auf „Fleisch" ist vor allem ein nährstoffarmer Boden. Man unterscheidet im Wesentlichen drei Arten von Karnivoren [1, 2]: Klebefallen, Klappfallen und Fallgrubenfallen. Dass der Verdauungssaft von fleischfressenden Pflanzen tatsächlich imstande ist, Proteine

Abb. 1.1 Machen Karnivoren tatsächlich Jagd auf Gummibärchen? Grafik: Melvin Müller

(Eiweißstoffe) und Kohlenhydrate (Zuckerstoffe) aufzulösen, kann man mit einem eindrucksvollen Experiment selbst nachprüfen – mit dem einheimischen Sonnentau und der exotischen Venusfliegenfalle. Da auch handelsübliche Gummibärchen Eiweiß enthalten, eignen sie sich als „Futter" für die Karnivoren (Abb. 1.1).

1.1.1 Experiment: Der Sonnentau – Pflanze lutscht Gummibärchen

Sie brauchen

- eine Kap-Sonnentau-Pflanze (Gartenbaumarkt, Internet, ca. 5–9 €)
- einige Gummibärchen
- Lupe
- Geduld (3–9 Tage)

So klappt's

Besorgen Sie sich für dieses Experiment am besten den Kap-Sonnentau *(Drosera capensis)*. Er hat lange Leimruten, ist pflegeleicht und in Gartenmärkten oder im Internet erhältlich. Legen Sie zwei oder drei dunkelfarbige Gummibärchen mit dem Rücken auf mehrere der tentakelartigen Fangarme des Sonnentaus. Warum auf dem Rücken? Weil die große, glatte Rückseite mehr „Angriffsfläche" bietet als die Vorderseite. Die Tentakel des Sonnentaus sind am Ende mit winzigen klebrigen Tröpfchen versehen, an denen die Gummibärchen haften bleiben (Abb. 1.2). Sie werden auch als Leimruten bezeichnet.

Achten Sie darauf, dass die Gummibärchen gerade liegen und nicht verrutschen können. Warum dunkelfarbige Gummibärchen? Damit man die „Fressspuren" besser erkennen kann. Nach 3 Tagen: Nehmen Sie ein Gummibärchen mit den Fingern vom Fangarm und betrachten Sie den Rücken mit einer Lupe. Man kann bereits erste kleine „Fressspuren" als winzige Einkerbungen und Löchelchen – wie kleine Messerschnitte – auf dem Gummibärchen entdecken (Abb. 1.3a). Nach

Abb. 1.2 Gummibärchen klebt an den Leimruten einer Sonnentau-Pflanze *(Drosera capensis)*

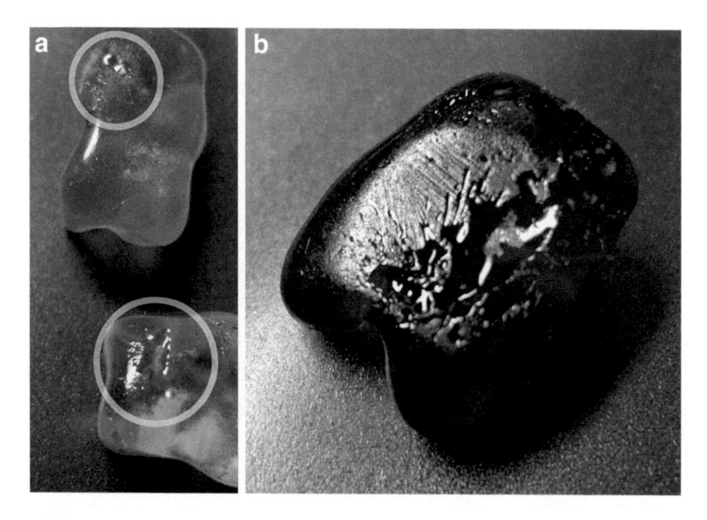

Abb. 1.3 Verdauungsspuren an Gummibärchen durch Sonnentau. **a** nach 3 Tagen (die Kreise markieren die „Krater"). **b** nach 9 Tagen

5 bis 6 Tagen erkennt man schon größere Löcher und Vertiefungen auf der Oberfläche des Gummibärchens. Nach 9 Tagen sehen Sie deutliche Löcher und „Krater" (Abb. 1.3b). Schauen Sie sich die Spuren unter der Lupe an! Ganz schön krass. Wie Säure hat sich der Verdauungssaft des Sonnentaus in das Gummibärchen hineingefressen.

Was steckt dahinter?

Sonnentau ist eine kleine, fleischfressende Pflanze, die auf allen Kontinenten mit Ausnahme der Antarktis wächst – vor allem in Moor- und Sumpfgebieten [1, 3]. Die Blätter des Sonnentaus sind mit zahlreichen Tentakeln (Fangarmen) bestückt. Jeder Tentakel sondert eine klebrige, süße, zähe und zersetzende Flüssigkeit ab. In den Tentakel-Tröpfchen ist also alles enthalten, was ein Insektenfresser so braucht: Süßstoffe, Klebstoffe, Auflösungsstoffe (Enzyme).

Ein durch den süßen Duft angelocktes Insekt bleibt an einem Fangarm kleben, dieses rollt sich ein, um die Beute zu umschließen. Benachbarte Tentakel bemerken den Fang und biegen sich ebenfalls auf das wehrlose Insekt und verdauen es gemeinschaftlich [2, 3]. Die Insekten ersticken meistens durch das Eindringen des Sekrets in die Atmungsöffnungen (Tracheen). Weil auch Gummibärchen unter anderem aus 6,9 % Eiweiß (Gelatine) bestehen, wird die Gelatine von den Enzymen angegriffen und aufgelöst. Gelatine ist vor allem aus Kollagen aufgebaut, einem langgestreckten Protein aus Tausenden von Aminosäuren [4].

1.1.2 Experiment: Die Venusfliegenfalle: Klappe zu – Fliege tot (oder Gummibärchen Brei)

Sie brauchen

- eine Venusfliegenfalle-Pflanze (Gartenbaumarkt, Internet, ca. 6–9 €)
- einige Gummibärchen
- Schere
- Pinsel oder Zahnstocher

So klappt's

Besorgen Sie sich für dieses Experiment eine Venusfliegenfalle *(Dionaea muscipula).* Zerschneiden Sie ein Gummibärchen in kleine Stückchen und legen Sie eines dieser „Häppchen" in eine offene Falle. Sie können aber auch ein halbiertes Bärchen hineinstecken. Damit die Falle zuschnappt, muss man der Pflanze vortäuschen, dass sich ein lebendes Beutetier in der Falle befindet. Dazu müssen Sie mindestens zweimal innerhalb von 30 s die winzigen, roten Sinneshaare auf der Innenseite des Fangblattes mit einem Pinsel oder Zahnstocher berühren, erst dann schnellt die Falle zu. Auf jeder Fangblatthälfte befinden sich meistens drei dieser sensorischen Haare. Das Gummibärchen sollte möglichst vollständig umschlungen sein. Falls sich das Fangblatt im Laufe von Stunden wieder öffnet, muss man es erneut durch künstliche Reize mit Pinsel/Zahnstocher zuschnappen lassen (Abb. 1.4).

Nach 2–4 Tagen sind die Stückchen bereits größtenteils aufgeweicht, zersetzt, aufgelöst und teilweise flüssig geworden. Der flüssige Gummibärchenbrei tropft manchmal sogar aus dem zugeklappten Fangblatt heraus (Abb. 1.5).

Nach etwa 4–6 Tagen können Sie das „gefütterte" Fangblatt samt Gummibärchen ab- und aufschneiden und sich den Inhalt anschauen. Abb. 1.6 zeigt den zähflüssigen Schleim eines verdauten Gummibärchens.

Was steckt dahinter?

Die Venusfliegenfalle *(Dionaea muscipula)* ist eine fleischfressende Pflanze, die ausschließlich in Moorgebieten an

Abb. 1.4 Von der Klappfalle einer Venusfliegenfalle eingeschlossene Gummibärchen

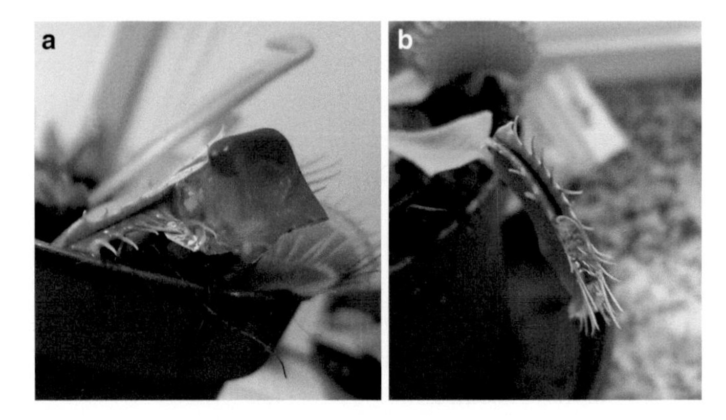

Abb. 1.5 Angedaute Gummibärchen in der Venusfliegenfalle nach etwa vier Tagen

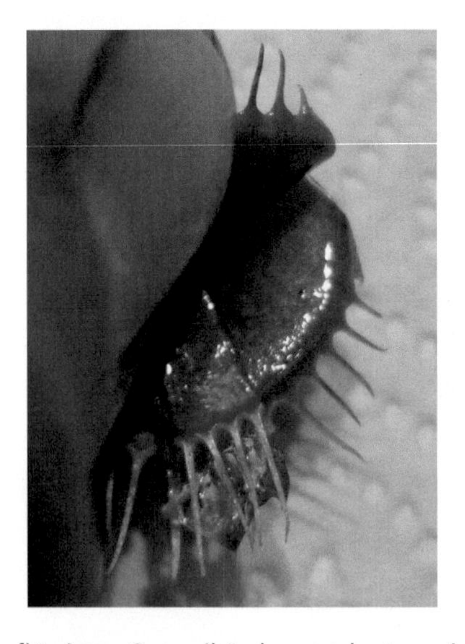

Abb. 1.6 Verflüssigtes Gummibärchen nach etwa einer Woche in der Klappfalle

der Ostküste der USA wächst [2, 5]. Innerhalb von 100 Millisekunden, das ist eine Zehntelsekunde, schnappen die Blattfallen zu und sind damit Weltrekordhalter für schnelle

Bewegungen im Pflanzenreich [6]. Die Innenseiten der Fangblätter sind mit zahlreichen Drüsen bespickt, aus denen nach fünfmaligem oder dauerhaftem Berühren der Sinneshaare ein Verdauungssaft mit zahlreichen Verdauungsenzymen abgesondert wird. Eiweiße und Kohlenhydrate werden zersetzt und in Flüssigkeit aufgelöst. Also auch das Gummibärchen, das u. a. aus 6,9 % Eiweiß (Gelatine) und 77,4 % Kohlenhydraten, davon 45,6 % Zucker, besteht. Gelatine enthält vor allem Kollagen, einem langgestreckten Protein aus Tausenden von Aminosäuren [4].

Man kann fleischfressende Pflanzen übrigens auch mit echtem Fleisch oder Käse „füttern". Das Fleisch wird angegriffen, stinkt aber nach einigen Tagen entsetzlich wegen der Verwesung durch Bakterien.

Hintergrund

Fiese Fallensteller

Die weltweit wohl berühmteste, spektakulärste insektenfangende Pflanze ist die **Venusfliegenfalle** *(Dionaea muscipula).* Ihre Blatt-Fallen schnappen mit einer beeindruckenden Geschwindigkeit von bis zu 0,1 m/s zu [7]. Einmal gefangen gibt es kein Entrinnen mehr. Obwohl Pflanzen über keine Nervenreizleitungen verfügen wie wir Menschen oder andere Säugetiere, bedient sich die Venusfliegenfalle eines ähnlichen Grundprinzips, nämlich das der elektrochemischen Signalweiterleitung [7]. Jede kleinste Berührung, jedes minimale Beugen der Sinneshaare führt in den sensorischen Zellen an der Haarbasis zu einer Ausschüttung von Calcium-Ionen (Ca^{2+}), die als Signalbotenstoffe fungieren. Entsprechende Rezeptoren leiten die steigende Anzahl der Ca^{2+}-Ionen in alle Zellen über das gesamte Fangblatt weiter, wie bei einem ins Wasser geworfenen Stein, dessen „Signal" sich als konzentrische Wellen über die ganze Wasseroberfläche ausbreitet. Sind die Signale an den Blatträndern und den Fangborsten angekommen, bewirken sie das Schließen des Fangblattes. Fazit: Mechanischer Reiz löst elektrochemisch das Schließen der Falle aus. Forschende haben kürzlich entdeckt, dass man Venusfliegenfallen wie bei uns Menschen mit Diethylether („Äther") betäuben kann [7]. Dieses bekannte, jahrhundertealte Narkosemittel blockiert die Rezeptoren der Signalweiterleitung und „lähmt" somit die Blattbewegung. Die Venusfliegenfalle kann ihre Fangblätter nicht mehr zuklappen, egal wie viele Insekten in ihnen gerade herumkrabbeln und die Sinneshaare ohne Ende beugen. Sensationell!

Auch **Kannenpflanzen** *(Nepenthes)* haben eine fiese Fangmethode entwickelt. Ihre Kannen sind wie kleine Brunnen gebaut: mit rutschigem, nach unten gebogenem Rand und tief unten mit Verdauungssaft gefüllt. Die Ränder der Kannen sind süß – aber auch glitschig. Angelockte Insekten krabbeln darauf herum, rutschen aus, verlieren den Halt und – plumps – stürzen in die tödliche Flüssigkeit. Sehr effizient. Sogar Kleintiere wie Mäuse und Frösche finden dort ihr Waterloo. Die weltweit größten Exemplare sind in Südostasien beheimatet und können bis zu 50 cm lang werden [1].

Die Verdauungsflüssigkeit der Kannenpflanzen liest sich wie eine wilde Mixtur aus einem alchemistischen Chemielabor und besteht u. a. aus Proteasen, Peroxidasen, Esterasen, Phosphatasen, Ribonukleasen und Chitinasen. Die Endung „-ase" bedeutet in der Biochemie immer, dass ein Enzym am Werke ist und oft eine aufbrechende, zerteilende oder spaltende Eigenschaft mit sich bringt. Beispiele: Proteasen zerteilen Proteine, Ribonukleasen spalten genetisches Material und Chitinasen zerhacken Chitin.

Es gibt aber auch etliche Enzyme, die Substanzen zusammenfügen und aufbauen, Elektronen und sogar ganze Molekülgruppen übertragen. Beispiele: Ligasen, Transferasen, Polymerasen [8].

1.2 Blitzblanke, lupenreine Blätter: Der Lotuseffekt

Es gibt Pflanzen, deren Blätter immer absolut sauber aussehen. Die Blätter solcher Supersauberpflanzen haben eine besondere Beschichtung auf ihrer Blattoberfläche. Da bleibt nichts drauf hängen oder kleben. Kein Staub,

Abb. 1.7 Kohlrabiblätter in einer Vase mit Wasser

kein Schmutz, auch kein Vogelschiss. Weltmeister im Blitzblanksein ist die asiatische Lotusblume, eine Wasserpflanze ähnlich der Seerose [9]. Aber auch die Blätter der Kapuzinerkresse und unseres heimischen Kohlrabis sind echte „Saubermänner"/„Sauberfrauen". Abb. 1.7 zeigt einige Kohlrabiblätter in einer Vase, mit denen man verblüffende Experimente durchführen kann.

1.2.1 Experiment: Honig, der nicht kleben bleibt

Sie brauchen

- einige frische Kohlrabiblätter (Supermarkt, Gemüsemarkt, eigener Garten)
- Wasser
- flüssigen Honig (in Drückflasche)

So klappt's

Für die Experimente sollten die Kohlrabiblätter frisch, straff, nicht verwelkt und unbeschädigt sein. Tipp: Oft findet man am Gemüsestand oder im Grünabfall des Supermarktes bereits lose Kohlrabiblätter, die man kostenlos mitnehmen kann. Falls die Blätter „schlaff" und „labberig" aussehen – kein Problem: Blattstängel frisch abschneiden und das Blatt in ein Glas oder eine Vase mit Wasser stellen, dann halten sie länger und verwelken nicht (Abb. 1.7). Nach kurzer Zeit straffen sich die Blätter und die Experimente können beginnen.

1. Gießen Sie etwas Wasser auf ein Kohlrabiblatt! Das Wasser perlt sofort ab. Das Blatt bleibt trocken.
2. Geben Sie einen Klecks Honig auf ein Blatt! Halten Sie das Blatt schräg! Der Honig kugelt sich ein, fließt langsam ab und rollt als Kugel einfach vom Blatt herunter (Abb. 1.8). (Fast) nichts bleibt am Blatt hängen. Unglaublich!

Wie der Honigtropfen mühelos vom Kohlrabiblatt rollt, können Sie in einem kurzen Video über die URL in Abb. 1.9 abrufen.

Probieren Sie das mal mit Blättern von Rosen, Primeln, Eichen, Buchen, Ahorn oder Kastanien … Hier bleibt der Honig kleben und zieht eine lange „Schleimspur". Auch zu diesem Experiment ist ein Video abrufbar. Um das Video anzuschauen, scannen Sie einfach die URL in Abb. 1.10.

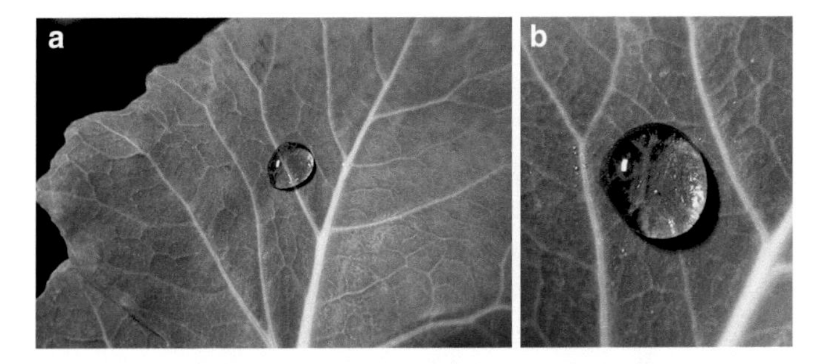

Abb. 1.8 **a** Honigklecks auf Kohlrabiblatt. **b** Nahaufnahme

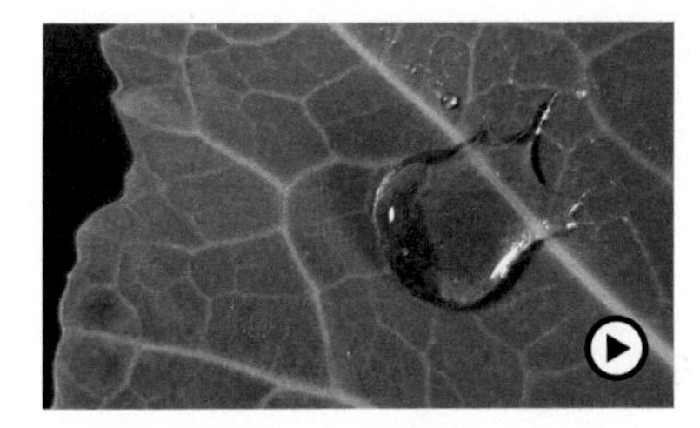

Abb. 1.9 Das Video zeigt das Abrollen eines Honigtropfens auf einem Kohlrabiblatt. Musik: Calm background for video von Ivy music (pixabay). Video Beschreibung: Ein Honigtropfen perlt auf einem Kohlrabiblatt ab und rollt herunter ohne Spuren zu hinterlassen URL: ▸ https://doi.org/10.1007/000-a65

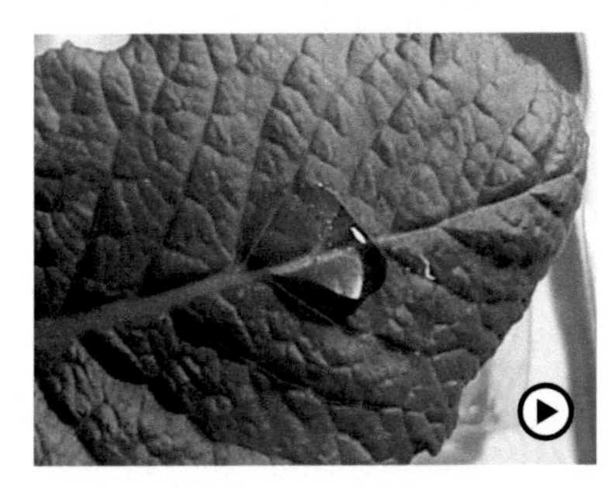

Abb. 1.10 Das Video zeigt einen Honigtropfen auf einem Primelblatt. Musik: Calm background for video von Ivy music (pixabay). Video Beschreibung: Ein Honigtropfen auf einem Primelblatt perlt nicht ab, sondern zieht eine lange Honigspur, wenn man das Blatt schräg hält URL: ▸ https://doi.org/10.1007/000-a63

Was steckt dahinter?

Wodurch entsteht diese verminderte Benetzbarkeit der Blätter? Betrachtet man ein Lotusblatt unter einem Elektronenmikroskop, dann sieht die Oberfläche des Blattes aus wie ein Feld mit vielen kleinen Bäumchen oder Hügelchen, den sogenannten Papillen, die etwa so groß bzw. winzig sind wie Bakterien. (Abb. 1.11a und b). Sie können sich diese Blattschicht vorstellen wie die Oberfläche eines Eierkartons (Abb. 1.11c).

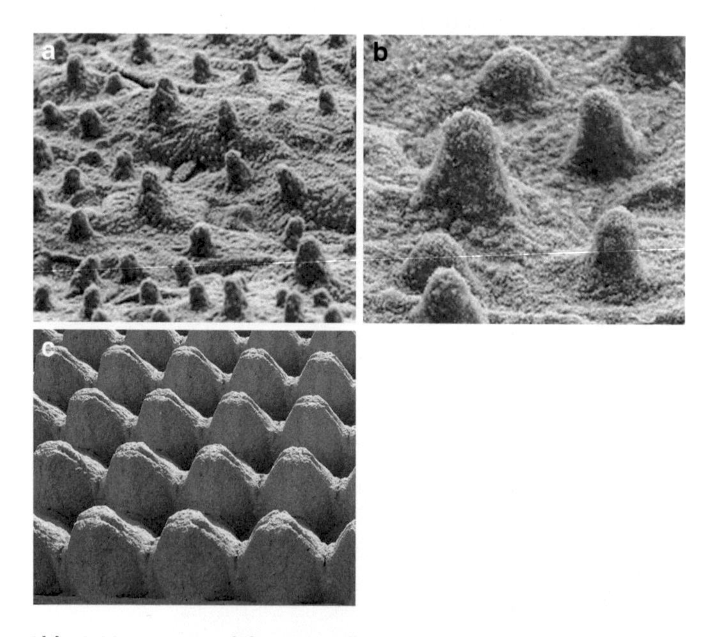

Abb. 1.11 **a** Rasterelektronenmikroskopische Aufnahme der Blattoberfläche eines Lotusblattes in 1500facher und **b** in 3900facher Vergrößerung. Größe der Papillen: ca. 2–5 μm. Bei dem blaugrauen Belag handelt es sich um eine Wachsschicht. **c** Eierkarton als anschauliches Modell für die Blattoberfläche eines Lotusblattes. (Quelle: Fotos a und b von Science Photo/Eye of Science, Nr. 12526315 und Nr. 12526319)

Auf den und um die Papillen befindet sich eine Wachsschicht, die in Abb. 1.11b als blaugrauer Belag zu sehen ist. Wachs ist absolut wasserabweisend, der Chemiker sagt: hydrophob. Das wissen Sie von Kerzen. Eine Kerze löst sich unter Wasser nicht auf. Wasser perlt von Wachs ab. Die zahlreichen „Berge und Täler“ bewirken außerdem eine hohe Rauigkeit. Dadurch wird der Kontakt zwischen Wassertropfen und Blattoberfläche auf ein Minimum reduziert und die Adhäsionskräfte gehen massiv in den Keller, fast gegen null [9]. Man kann sich das so vorstellen, als ob man nur noch auf Zehenspitzen über eine heiße Bodenplatte läuft, um so wenig wie möglich Kontakt zu haben. Beide Eigenschaften – Rauigkeit und Wachs – sorgen für die superhydrophoben Eigenschaften der Blätter. Letztendlich führt die Oberflächenspannung (Kohäsionskräfte) des Wassers dazu, dass sich der Tropfen zu einer Kugel krümmt. Abb. 1.12a zeigt Wassertropfen auf einem Lotusblatt und in Abb. 1.12b sehen Sie das Analogiemodell: Der Eierkarton stellt die Blattoberfläche

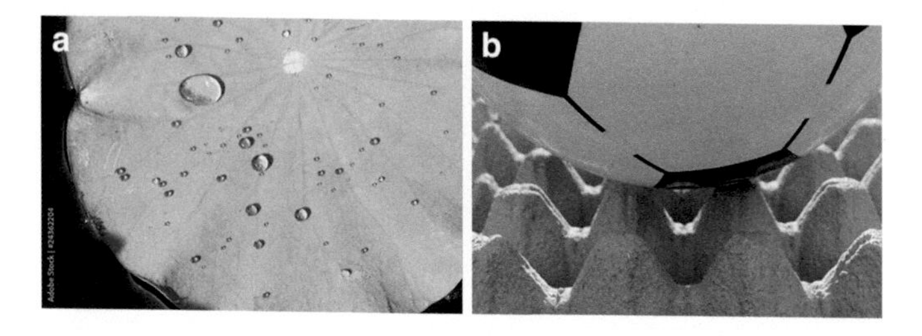

Abb. 1.12 **a** Wassertropfen auf einem stets sauber bleibenden Lotusblatt. Die hydrophobe Schicht bewirkt die Bildung von Wasserkügelchen. **b** Ball auf einem Eierkarton. Der Kontakt zwischen Ballfläche und Hügelchen des Eierkartons ist minimal, sodass der Ball sehr leicht über den Eierkarton rollen kann. (Quelle: Foto a von adobe stock Nr. 24362204)

dar, der Ball symbolisiert einen Wassertropfen oder einen Feststoffpartikel; ein Dreckteilchen, Schmutz, Staub, Farbe oder oder oder …

Die Oberfläche eines Kohlrabiblattes sieht völlig anders aus, bewirkt aber den gleichen superhydrophoben Effekt. Unter dem Elektronenmikroskop sieht man ein „wirres", dreidimensionales Geflecht aus bizarren Wachskristallen [9]. Die Spitzen dieser Kristalle erzeugen eine minimale Kontaktfläche und damit eine minimale Adhäsion bei gleichzeitiger Abstoßung von Wasser durch das Wachs. Rauigkeit und Wachs sorgen also auch hier dafür, dass weder Staub noch Dreck Halt auf dem Blatt finden und von (Regen-)Wasser einfach weggespült werden. Auch der Honig wird von der Wachsschicht abgestoßen und kann auf den kleinen Hügelchen bzw. Kristallspitzen nicht kleben bleiben. Er perlt einfach ab. Eine im Laufe der Evolution perfektionierte unbenetzbare Oberfläche.

Hintergrund

Adhäsion
Anziehungskräfte zwischen zwei unterschiedlichen Materialien/Substanzen, z. B. Wasser und Glas (Wassertropfen läuft bei langsamem Ausgießen entlang des Glasrandes), Klebstoff auf Papier, angeleckter Finger zum Aufheben von Krümeln, Papierfetzen usw.

Kohäsion
Anziehungskräfte zwischen gleichen Substanzen, z. B. Wassermoleküle im Wasser, die sich quasi die Hände reichen und eine Art Netzwerk aufbauen (Wasser, Eis).

hydrophob
Wasserabweisend/wasserunlöslich.

hydrophil
Wasserliebend/wasserlöslich.

1.2.2 Experiment: Glatt oder rau – das ist hier die Frage!

Sie brauchen
- ein Blatt Papier
- einen Kaffeefilter oder Löschpapier
- Wasser

So klappt's
Man tropft mit dem Finger jeweils einen Wassertropfen auf ein Blatt Papier und auf ein Filterpapier (Kaffeefilter, Löschpapier). Während der Tropfen auf dem Filterpapier sofort „verschwindet" und aufgesogen wird, bleibt der Tropfen auf dem normalen Papier relativ lange bestehen und verläuft ein wenig in die Breite. Der im Licht glänzende Tropfen ist deutlich zu sehen.

Was steckt dahinter?
Papier besteht aus Cellulose, einem langkettigen Molekül aus Tausenden von Glucose-Einheiten. Cellulose kann man als eher hydrophil, also wasserliebend einstufen. Auf der hydrophilen, glatten Papieroberfläche gelingt eine Benetzung mit Wasser eher mäßig gut. Der Tropfen verbleibt flach anliegend auf der Oberfläche und zieht nur langsam ein. Das Filterpapier ist mikroskopisch betrachtet nichts anderes als aufgerautes Papier: Als hätte man mit Sandpapier die Oberfläche bearbeitet. Diese Rauigkeit erhöht die Benetzbarkeit des Papiers so drastisch, dass der Wassertropfen augenblicklich aufgesogen wird und weitgehend versiegt. Abb. 1.13 macht dies nochmals deut-

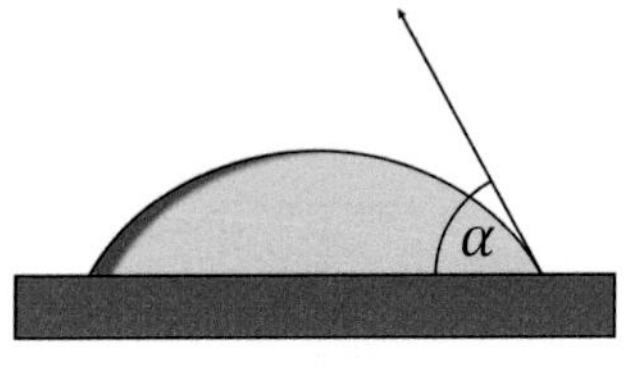

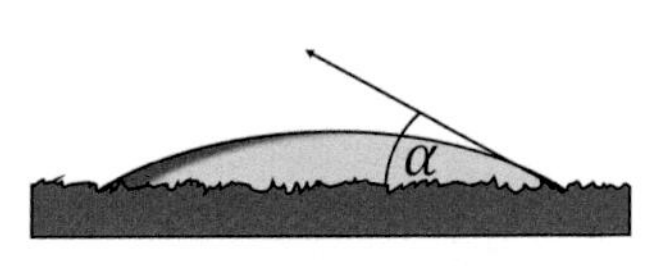

Abb. 1.13 Wassertropfen auf hydrophiler Oberfläche. Links: Papier (glatt). Rechts: Filterpapier (aufgeraut). Der flache Kontaktwinkel α drückt eine gute Benetzbarkeit aus. (Nach [10]). Grafik: Melvin Müller

lich. Die Benetzbarkeit einer Oberfläche wird über den Kontaktwinkel α ausgedrückt, der sich wiederum aus den Grenzflächenspannungen ergibt. Es gilt: Je kleiner der Kontaktwinkel, desto besser ist die Benetzbarkeit. In der Natur kommen die beiden Extreme – Kontaktwinkel $\alpha = 0°$ bzw. 180° – nicht vor. Dies würde bedeuten, dass die Flüssigkeit quasi platt gedrückt auf der Oberfläche anliegt ($\alpha = 0°$) bzw. tangential nur in einem einzigen Punkt die Oberfläche berührt ($\alpha = 180°$) [10].

Eine glatte und hydrophobe, sprich: wasserabweisende Schicht, wie beispielsweise eine Wachsschicht, lässt sich mit Wasser nur ganz schlecht benetzen. Das Wasser bleibt halbkugelförmig auf dem Wachs „sitzen", perlt ab und wird nicht aufgesogen. Wird nun diese eh schon wasserabweisende Wachsschicht noch zusätzlich aufgeraut, mutiert sie zu superhydrophobem Verhalten: Wasser- oder Honigtropfen kugeln sich komplett ein und perlen ohne Rückstand von der Oberfläche ab (Abb. 1.14).

Erstaunlich ist auch das Verhalten von Dreck auf den rauen, unbenetzbaren Blattoberflächen. Befindet sich Schmutz auf den Blättern, so wird der Regen in Form von Wassertropfen die Schmutzpartikelchen wegwaschen. Aber

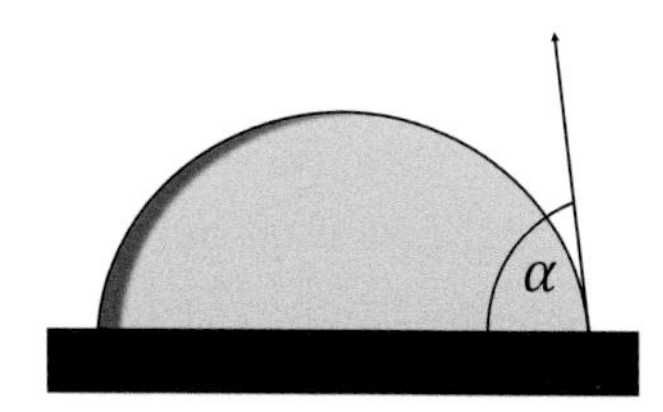

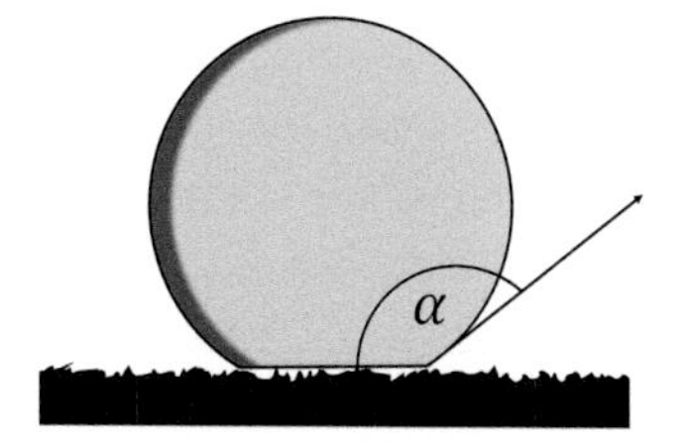

Abb. 1.14 Wassertropfen auf hydrophober Oberfläche. Links: Wachsschicht (glatt). Rechts: aufgeraute Wachsschicht. Der große Kontaktwinkel α drückt eine schlechte Benetzbarkeit aus. (Nach [10]). Grafik: Melvin Müller

dabei kommen unterschiedliche Phänomene zum Tragen, je nachdem, ob der Schmutz wasserlöslich oder wasserabweisend ist.

1.2.3 Experiment: Der Dreck muss weg

Sie brauchen

- 2–3 frische Kohlrabi-Blätter (Supermarkt, Gemüsemarkt)
- blaue Tinte (z. B. aus Tintenpatrone, Füllfederhalter)
- Graphitpulver (Baumarkt) oder Kakaopulver
- Zerstäuber (Blumensprüher)
- Wasser

So klappt's

Zuerst gibt man 2–3 Tropfen blaue Tinte auf ein Kohlrabiblatt. Über Nacht trocknen lassen. Geben Sie nun einen Wassertropfen auf das Blatt und lassen Sie den Tropfen über die getrocknete blaue Farbe rollen. Dabei wird der blaue Tintenfarbstoff sofort vom Blatt abgelöst und in den Wassertropfen aufgenommen, weil der Farbstoff leicht wasserlöslich ist. In Sekundenschnelle ist die Wasserperle tiefblau gefärbt (Abb. 1.15). Ein Video dazu lässt sich mit Abb. 1.16 abrufen.

Man kann das Blatt auch mit einem Zerstäuber einige Male besprühen. Dadurch wird der blaue „Schmutz" mit Leichtigkeit entfernt und sammelt sich als kugelförmige „Pfütze" in der Blattmitte, wenn man das Blatt etwas geknickt in der Hand hält. Nach Beendigung dieses Experimentes kann man die blauen Kugel-Tropfen einfach in das Küchenspülbecken gießen und das Blatt abwaschen.

Soweit so klar. Doch was passiert mit wasser*unlöslichem* Schmutz? Dazu streut man Graphit- bzw. Kohlepulver

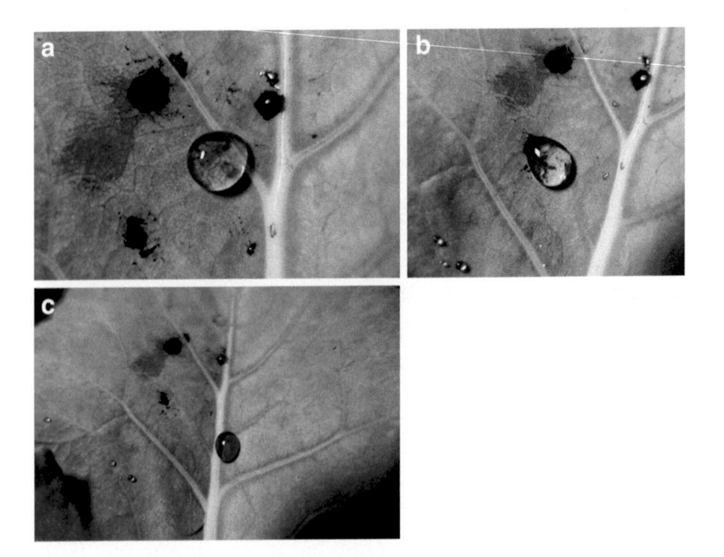

Abb. 1.15 **a** Wassertropfen auf Kohlrabiblatt mit getrockneter Tinte. **b** Die wasserlösliche blaue Tinte wird vom Wassertropfen aufgenommen. **c** Das Wasserkügelchen färbt sich komplett blau

Abb. 1.16 Das Video zeigt einen Wassertropfen, der blaue Tinte auf einem Kohlrabiblatt aufnimmt. Musik: The beat of Nature von Olexy (pixabay). Video Beschreibung: Getrocknete, blaue Tinte wird von einem Wassertropfen auf einem Kohlrabiblatt aufgenommen. Die gesamte Wasserperle färbt sich blau URL: ▸ https://doi.org/10.1007/000-a64

oder Kakaopulver auf ein Kohlrabiblatt. Kohlepulver können Sie leicht selber herstellen: Einfach ein Stück Grillkohle über feines Sandpapier reiben und den schwarzen Staub auf das Blatt klopfen. Nun fügt man einen oder mehrere Wassertropfen auf das Blatt. Eigentlich würde man vermuten, dass der wasserabweisende, also hydrophobe Schmutz viel lieber an der ebenfalls hydrophoben Wachsschicht des Blattes hängen bleiben will. Aber weit gefehlt. Stattdessen heften sich die Dreckteilchen augenblicklich an den Wassertropfen, und zwar so lange, bis die gesamte Kugeloberfläche des Tropfens vollständig mit Partikelchen überzogen ist, wie Abb. 1.17 zeigt. Dabei gelangen keine Teilchen *in* die Wasserperle, sondern ausschließlich auf die *Oberfläche.* Bei Verwendung von Graphitpulver überzieht sich die Kugeloberfläche folglich mit einer silbern-metallisch glänzenden Schicht (Abb. 1.17). Sieht toll aus, finde ich. Scannen Sie die URL in Abb. 1.18 sowie Abb. 1.19 und sehen Sie sich zwei beeindruckende Videos dazu an.

Besprühen Sie das Blatt mit einem Wasserzerstäuber! Es bilden sich etliche kleine silbergraue Kügelchen,

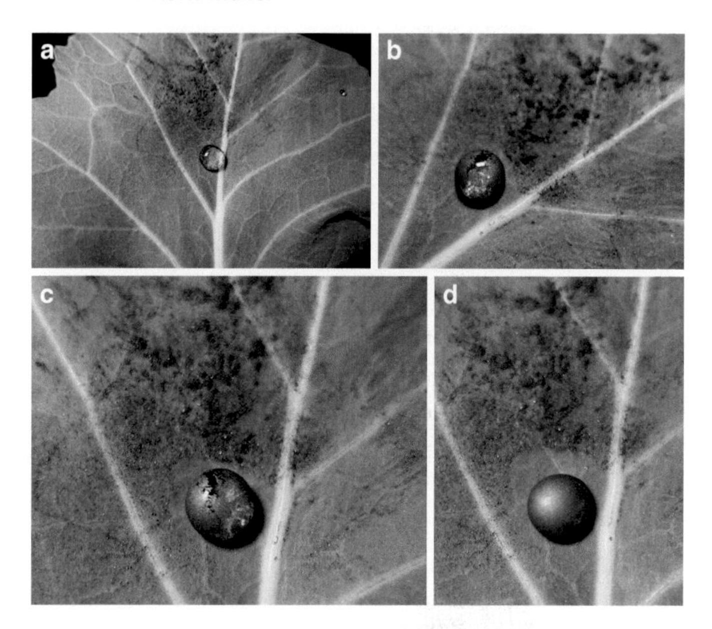

Abb. 1.17 **a** Graphitpulver und Wassertropfen auf Kohlrabiblatt. **b** Das hydrophobe Graphitpulver haftet an der Oberfläche des Wassertropfens. **c** Fast vollständig bedeckter Tropfen. **d** Vollständig mit Graphitpulver bedeckter Tropfen. Um den Tropfen herum sieht man die „gesäuberte" Spur

deren Oberfläche komplett mit Graphit überzogen ist (Abb. 1.20). Schauen Sie sich das Video dazu an, das sich unter Abb. 1.21 abrufen lässt. Der „Graphit-Tropfen" verhält sich beinahe wie Quecksilber!

Was steckt dahinter?

Der blaue Tintenfarbstoff ist *wasserlöslich* (hydrophil) und wird daher gerne und leicht vom Wassertropfen aufgenommen. Der Tropfen verfärbt sich entsprechend blau. Der hydrophile Farbstoff liebt Wasser und verbindet sich

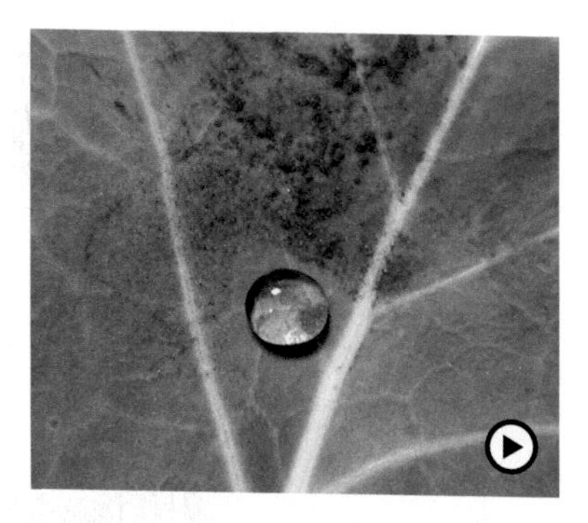

Abb. 1.18 Das Video zeigt die Benetzung eines Wassertropfens mit Graphitpulver auf einem Kohlrabiblatt. Musik: Mountain Path von Magnetic Trailer (pixabay). Video Beschreibung: Graphitpulver wird von einem Wassertropfen auf einem Kohlrabiblatt aufgenommen, aber nur an der Oberfläche der Wasserperle URL: ▸ https://doi.org/10.1007/000-a62

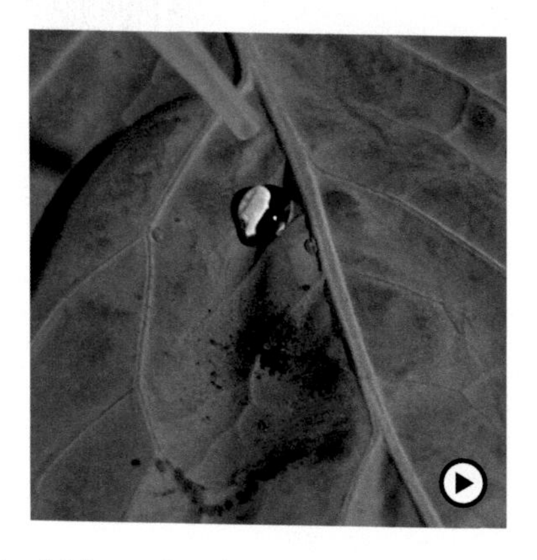

Abb. 1.19 Das Video zeigt die Benetzung eines Wassertropfens mit Graphitpulver auf einem Kohlrabiblatt. Musik: Mountain Path von Magnetic Trailer (pixabay). Video Beschreibung: Graphitpulver wird von einem Wassertropfen auf einem Kohlrabiblatt aufgenommen, aber nur an der Oberfläche der Wasserperle URL: ▸ https://doi.org/10.1007/000-a66

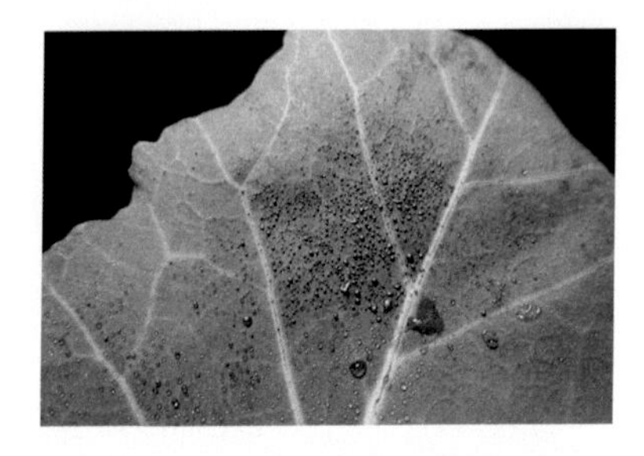

Abb. 1.20 Graphitpulver auf Kohlrabiblatt, das mit Wasser besprüht wurde. Es bilden sich zahlreiche kleine silbergraue Kügelchen

Abb. 1.21 Das Video zeigt zahlreiche Wassertröpfchen mit Graphitpulver auf einem Kohlrabiblatt, und wie ein großer Tropfen kleinere Tropfen einverleibt. Musik: Acoustic vibe von RomanSenykMusic (pixabay). Video Beschreibung: Graphitpulver auf einem Kohlrabiblatt wurde mit einem Wassersprüher besprüht. Man sieht viele kleine graue Wasserperlen und einen Wassertropfen mit Graphitbeschichtung URL: ▸ https://doi.org/10.1007/000-a67

deshalb sofort mit ihm, sodass kein Rückstand an Farbstoff auf dem Blatt übrig bleibt. Selbstreinigung leicht gemacht!

Verzwickter ist die Lage bei *wasserabweisendem* (hydrophobem) Schmutz, wie Graphit, Kohle, Kakao oder Pfeffer. Obwohl diese Teilchen Wasser überhaupt nicht mögen, lagern sich die Partikel auf der gesamten Kugeloberfläche an, bis kein Platz mehr frei ist. Eine „Laufspur" bzw. „Sammelspur" um den Tropfen herum ist auf dem Blatt deutlich zu erkennen (Abb. 1.22).

In den Tropfen hinein wird allerdings kein Pulver aufgenommen. Die Erklärung ist relativ einfach: Auch die hydrophoben Schmutzpartikel haben auf den feinen Wachskristallen nur einen ganz geringen Kontakt und üben somit auch nur eine sehr kleine Adhäsionskraft aus. Die Partikel werden quasi nicht mit einer ganzen Hand gepackt und festgehalten sondern nur mit den Fingerspitzen berührt und somit kaum festgehalten. Fließt nun Wasser über diese an den „Wachs-Fingerspitzen" gehaltenen Partikel, haften sich diese stärker an das Wasser. Das heißt, dass die Adhäsionskraft zwischen Wasser und hydrophobem Partikel stärker ist als die Haftkraft zwischen Partikel und den Wachskristallen [11]. Das ist tatsächlich ein bemerkenswerter, phänomenaler Natureffekt.

Abb. 1.22 Nur die Oberfläche des Wassertropfens ist mit Graphit überzogen. Innen ist klares Wasser. Um den Tropfen erkennt man den sauberen „Hof"

1.2.4 Experiment: Spieglein, Spieglein auf dem Blatt

Sie brauchen

- ein frisches Kohlrabiblatt (Supermarkt, Gemüsemarkt)
- ein Glas mit Wasser

So klappt's

Taucht man ein Kohlrabiblatt unter Wasser, dann sieht die Blattoberfläche silbrig-glänzend aus – eine Art Spiegeleffekt (Abb. 1.23).

Ähnliche Effekte kennt man von der Wasserspinne sowie von Kohlendioxid-Gasbläschen in Mineralwasser oder Sekt. Zieht man das Blatt wieder aus dem Wasser, ist es staubtrocken. Zauberei? Nein, Wissenschaft!

Was steckt dahinter?

Die wasserabweisende (hydrophobe) Wachsschicht des Blattes verbindet sich viel lieber mit Luft als mit Wasser.

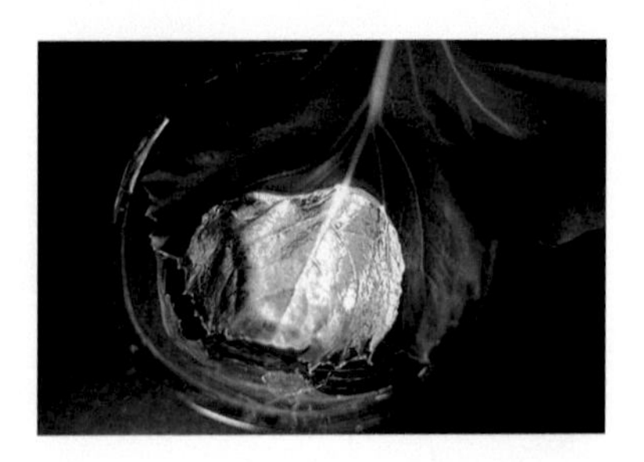

Abb. 1.23 Ein unter Wasser getauchtes Kohlrabiblatt sieht silbrig-glänzend aus

Sobald man das Blatt in Wasser taucht, reißt es eine hauchdünne Luftschicht mit sich unter die Wasseroberfläche. Somit bleibt das Blatt unter Wasser trocken, weil es von einer Lufthülle geschützt ist. Der Spiegeleffekt bzw. der silbrige Glanz entstehen durch (Total-)Reflexion des Lichts an der Grenzfläche zwischen Luft und Wasser.

1.2.5 Experiment: Zerstörter „Lotuseffekt"

Sie brauchen

- ein frisches Kohlrabiblatt (Supermarkt, Gemüsemarkt)
- Küchenpapier
- Wasser
- Graphit- oder Kakaopulver
- Honig (aus Drückflasche)

So klappt's

Reiben Sie ein Kohlrabiblatt mit einem Küchenpapier kräftig zwischen den Fingern! Jetzt klappt der „Lotuseffekt" nicht mehr oder nur sehr schlecht. Der „Lotuseffekt" ist futsch und Wasser benetzt das Blatt wie bei einem normalen Blatt. Auch Honig bleibt kleben und zieht eine Spur wie eine schleimige Schnecke. Graphit- oder Kakaopulver lässt sich nicht mehr mit Wasser aufnehmen.

Was steckt dahinter?

Die feinen, wasserabstoßenden Wachskristalle auf der Blattoberfläche werden durch mechanische Kräfte zerstört. Das kann man schon mit bloßem Auge erkennen: Das Blatt sieht nicht mehr matt aus, sondern es glänzt und wirkt grüner.

Hintergrund

Der Lotuseffekt
Der deutsche Botaniker Prof. Wilhelm Barthlott (*1946) erforschte ab 1997 als Erster die Selbstreinigung von Blättern der Lotuspflanze [2, 11]. Daher bezeichnete er diese Selbstreinigung als „Lotuseffekt". Barthlotts Entdeckung führte zu erstaunlichen technischen Anwendungen: selbstreinigende Glasscheiben, Planen und Segel, nie nass werdende Schwimmanzüge, schmutzabweisende Kleidung und Gebäudeoberflächen.

Neben der Lotuspflanze und dem Kohlrabi zeigen weitere Pflanzenblätter den „Lotuseffekt": u. a. Kapuzinerkresse, Weißkohl, Schilfrohr und Akelei. Aber kein Blatt kann es so effizient wie das der Lotuspflanze.

1.2.6 Lotuseffekt auf Herbstlaub bei Schmuddelwetter

Spazieren Sie bei schönstem Schmuddelwetter im Spätherbst/Frühwinter, im November oder Dezember mal durch einen Park oder Wald! Achten Sie dabei auf das nasse Laub auf dem Boden, insbesondere auf Eichenblätter. Falls es regnet, können Sie sich auf eine kleine Sensation freuen. Braune, abgestorbene Blätter der Stieleiche überraschen mit ihrer Oberfläche, auf der Wassertropfen wie Perlen nebeneinander liegen. Abb. 1.24a zeigt eines von vielen Eichenblättern, die ich im Dezember an einem verregneten Tag in einem Park gefunden habe.

Die hydrophobe Oberfläche der Blattunterseite weist einen „Lotuseffekt" auf und lässt Wassertropfen sich zu Kugeln formen. Andere Blätter, wie beispielsweise von

Abb. 1.24 **a** Regentropfen auf der Unterseite eines Herbst-Eichenblatts. **b** Regentropfen auf unterschiedlichen Herbstblättern (Ahorn, Buche, Linde, Birke), jeweils auf der Blattunterseite. Nur das Eichenblatt zeigt einen „Lotuseffekt"

Linde, Ahorn oder Kastanie, werden dagegen einfach nass und zeigen keine wasserabweisenden Eigenschaften (Abb. 1.24b). Vielleicht sollen die auf der Blattunterseite liegenden Spaltöffnungen durch diesen „Lotuseffekt" vor Staub und Schmutz geschützt werden. Die Natur steckt immer wieder voller Überraschungen.

Auch manche Flechten verfügen über wasserabweisende Oberflächen, wie beispielsweise die Schwefelflechten. Auf Abb. 1.25 sieht man deutlich die kugelförmigen Wassertropfen auf der Flechtenoberfläche [12].

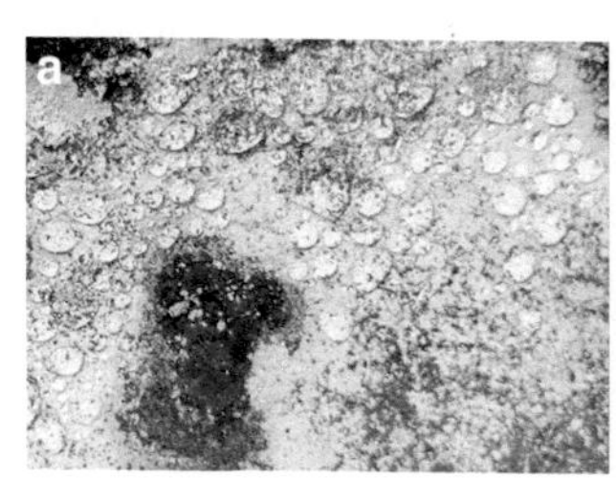

Abb. 1.25 „Lotuseffekt": Regentropfen auf **a** einer Gelbfrüchtigen Schwefelflechte (gelbgrün), **b** einer Fels-Schwefelflechte

1.3 Farbe wechsle dich!

Rotkohlsaft ist weitgehend als Säure-Base-Indikator bekannt und findet sich in fast jedem Chemie-Schulbuch. Aber auch Radieschen eignen sich sehr gut als Indikator *pro domo.* Für den „ganzheitlichen" Ansatz können Sie (mit Ihren Kindern) Radieschen im Hochbeet, Garten oder Blumenkasten leicht selber gedeihen lassen. Radieschen sind recht anspruchslose Pflanzen, die schnell wachsen und sogar mehrmals im Jahr gezogen werden können. Falls das Warten doch zu lange dauert: Markt oder Supermarkt.

1.3.1 Experiment: Indikatorlösung aus Radieschen

Sie brauchen

- 6–7 Radieschen
- Wasser
- kleinen Kochtopf und Herd
- Messbecher
- kleine PET-Flasche (500 mL) mit Verschlussdeckel
- 3 schmale Gläser
- Zitrone oder Essig
- Waschpulver

So klappt's

Geben Sie die Schalen von sechs bis sieben Radieschen zusammen mit ca. 200 mL Wasser in einen kleinen Kochtopf und bringen Sie das Ganze zum Kochen. Nach wenigen Minuten den Topf vom Herd nehmen und den Sud abkühlen lassen. Die Schalen sehen blassrosa bis weiß aus, das Wasser hat sich purpurviolett gefärbt. Das heiße Wasser hat also die Farbstoffe aus den Schalen extrahiert. Nun können Sie die Farbstofflösung durch einen Kaffeefilter in eine kleine PET-Flasche abfiltrieren. Anschließend teilt man die violette Lösung in zwei schmale Gläser gleichmäßig auf (Abb. 1.26a). Test als Säure-Indikator: Geben Sie etwas Zitronensaft oder Essig in das linke Glas. Umschwenken. Die Farbe schlägt um nach Rot (Abb. 1.26b). Test als Basen-Indikator: Fügen Sie etwas Waschpulver ins rechte Glas und schwenken Sie um. Nach Auflösen des Pulvers verfärbt sich die Lösung nach Gelb (Abb. 1.26b).

Hinweis: Die Radieschen-Lösung hält sich nur wenige Tage, dann wird sie trüb und fängt an erbärmlich zu müffeln. Also bitte zügig verbrauchen oder immer wieder frisch zubereiten.

Was steckt dahinter?

Die Schale der Radieschen enthält den purpurvioletten Farbstoff Pelargonin und gehört zu der Stoffklasse der

Abb. 1.26 **a** Durch Kochen extrahierter Radieschen-Farbstoff. **b** Links: Farbumschlag nach Rot bei Zugabe von Zitronensaft oder Essig. Rechts: Farbumschlag nach Gelb bei Zugabe von Waschpulver

Anthocyane [13]. Der Name erinnert an Pelargonien, diesen roten Hängegeranien, die man sehr oft auf Balkonen blühen sieht. Wie die meisten Anthocyane ist auch das Pelargonin pH-empfindlich. In neutraler Lösung zeigt es eine purpurviolette Farbe (Abb. 1.26a). In alkalischem Milieu ist es gelb gefärbt, im sauren Milieu wechselt seine Farbe nach Rot (Abb. 1.26b). Das muntere „Farbe wechsle dich" beruht auf einer Strukturänderung durch H^+- bzw. OH^--Ionen. Säuren liefern H^+-Ionen und Laugen (Basen) steuern OH^--Ionen bei. Die Anlagerung dieser geladenen Teilchen bewirkt eine Umordnung der Elektronen im Anthocyan-Molekül, die letztendlich das Absorptionsverhalten gegenüber Licht verschiebt.

Die Schärfe von Radieschen verursacht übrigens eine ganz andere Substanz: Senföl, ein Isothiocyanat, einer Verbindung aus Stickstoff, Kohlenstoff und Schwefel [14], die als Abwehrstoff gegen Fressfeinde dient. Beißen Sie genüsslich ins Radieschen und kauen darauf herum, wird dieses Senföl-Isothiocyanat enzymatisch aus Senfölglycosid freigesetzt. Ganz schön scharfe Sache!

Literatur

1. T. Carow, *Fleischfressende Pflanzen*, 1. Aufl., Franckh Kosmos Verlag, Stuttgart, **2005**, S. 6–9.
2. M. Keil und B. P. Kremer (Hrsg.), *Wenn Monster munter werden*, 1. Aufl., Wiley-VCH, Weinheim, **2004**, S. 77–85.
3. T. Carow, *Fleischfressende Pflanzen*, 1. Aufl., Franckh Kosmos Verlag, Stuttgart, **2005**, S. 8–9 und 30–33.
4. J. M. Berg, J. L. Tymoczko, G. J. Gatto jr. und L. Stryer, *Stryer Biochemie,* 8. Aufl., Springer Spektrum Verlag, Heidelberg, **2018**, S. 53–55.
5. T. Carow, *Fleischfressende Pflanzen*, 1. Aufl., Franckh Kosmos Verlag, Stuttgart, **2005**, S. 8–9 und 28–29.

6. Y. Forterre, J. M. Skotheim, J. Dumais and L. Mahadevan, *How the Venus flytrap snaps*, Nature, 433, **2005**, S. 421–425.
7. S. Feil, *Ether unterbricht Signalweiterleitung bei der Fliegenfalle*, Chem. Unserer Zeit, 56, **2022**, S. 282–283.
8. J. M. Berg, J. L. Tymoczko, G. J. Gatto jr. und L. Stryer, *Stryer Biochemie,* 8. Aufl., Springer Spektrum Verlag, Heidelberg, **2018**, S. 256–297.
9. M. Keil und B. P. Kremer (Hrsg.), *Wenn Monster munter werden*, 1. Aufl., Wiley-VCH Verlag, Weinheim, **2004**, S. 167–182.
10. M. Keil und B. P. Kremer (Hrsg.), *Wenn Monster munter werden*, 1. Aufl., Wiley-VCH Verlag, Weinheim, **2004**, S. 170–172.
11. W. Barthlott und C. Neinhuis, *Purity of the sacred lotus or escape from contamination in biological surfaces*, Planta, 202, **1997**, S. 1–7.
12. V. Wirth und U. Kirschbaum, Flechten einfach bestimmen, 2., aktualisierte Aufl., Quelle & Meyer Verlag, Wiebelsheim, **2017**, S. 244.
13. G. Schwedt, *Chemie für alle Jahreszeiten*, 1. Aufl., Wiley-VCH Verlag, Weinheim, **2007**, S. 50 und 197.
14. E. Breitmaier und G. Jung, *Organische Chemie*, 7., vollständig überarbeitete und erweiterte Aufl., Georg Thieme Verlag, Stuttgart, **2012**, S. 433.

2

Im Garten, auf Wiese, Terrasse oder Balkon

Zusammenfassung In diesem Kapitel erfahren Sie Neues über den grünen Blattfarbstoff Chlorophyll, der in Wirklichkeit viel blauer ist, als er in den Blättern rüberkommt. Aber auch die gelben und roten Blattfarbstoffe, die uns den goldenen Herbst bescheren, spielen eine wichtige Rolle, beispielsweise als „Sonnenschutzcreme". Das große Thema Photosynthese versuche ich anschaulich und mit einer einfachen Übersichtsgrafik zu erklären. Sie können aber auch gleich mit einer selbst hergestellten und lange haltbaren, grünen Chlorophylllösung spannende Experimente durchführen: Sie leuchtet blutrot, wenn man sie mit Licht anstrahlt. Sie leuchtet nicht mehr rot, wenn Wasser hinzukommt. Und mit Feuerzeugbenzin kann man die gelben Herbstfarbstoffe sichtbar machen. Die rote Fluoreszenz des grünen Chlorophylls wird anschaulich in einer Schwimmbad-Sprungturm-Grafik erklärt. Ein weiteres Thema sind der Klimawandel und die drei wichtigsten Treibhausgase. Mit dem Klima-Flaschen-

A. Korn-Müller, *Der Natur auf der Spur*,
https://doi.org/10.1007/978-3-662-67398-0_2

Experiment auf Balkon oder Terrasse können Sie dazu eigene Messungen durchführen. Zum Schluss wird es mit einfachen Experimenten lustig und bunt: heißes Gras (nein, kein Cannabis), ein krasses Kresse-Herz und eine natürliche „Glasfaserlampe“.

2.1 Der grüne Blattfarbstoff – eine farbliche Wundertüte

Der grüne Blattfarbstoff Chlorophyll ist leicht aus Gras zu isolieren und verbindet Chemie mit Biologie. Weißes Licht aus einer LED-Lampe erzeugt in einer alkoholischen Chlorophylllösung eine spektakuläre rote Fluoreszenz, Wasser löscht sie wieder aus. Andere grüne Farbstoffe, wie beispielsweise grüne Tinte oder grüne Lebensmittelfarbe, fluoreszieren dagegen nicht. Mit diesen einfachen Experimenten kommt man dem photochemischen Prinzip der Photosynthese auf die Spur.

2.1.1 Die Farben des Chlorophylls

Von den bisher sechs bekannten Chlorophyllvarianten *a–f* kommen im grünen Pflanzenfarbstoff im Wesentlichen Chlorophyll *a* und *b* vor [1]. Der Begriff Chlorophyll stammt aus dem Griechischen und bedeutet grün *(chloros)* und Blatt *(phyllon)*.

Aufgrund seines besonderen Molekülaufbaus ist Chlorophyll ein effizienter Photorezeptor („Lichtaufnehmer“) und gehört zu den effektivsten und stärksten organischen Lichtsammelverbindungen [1]. Chlorophyll *a* und *b* absorbieren kein Licht im grünen Bereich, sondern reflektieren es, sodass wir ihre Farbe in unseren Augen als grün wahrnehmen. Chlorophyll *a* hat Absorptionsmaxima bei 430 nm (blau) und 662 nm (rot), Chlorophyll *b* bei 453 nm (blau) und 642 nm (rot) (1 nm = 10^{-9} m = 1 millionstel Millimeter). Die resultierende Blattfarbe erscheint dadurch bei Chlorophyll *a* grünblau (Abb. 2.1a) und bei Chlorophyll *b* gelbgrün (Abb. 2.1b).

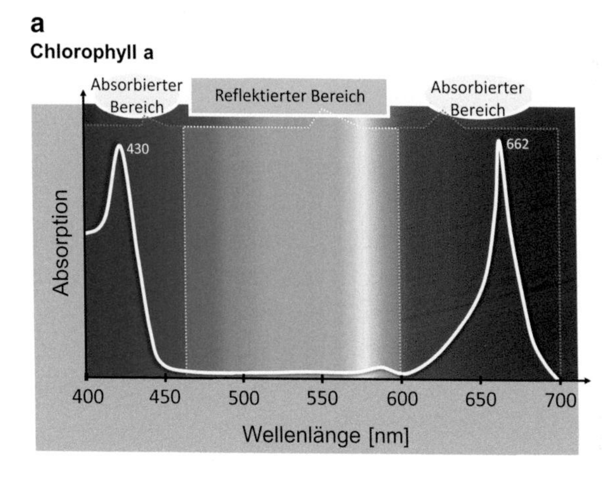

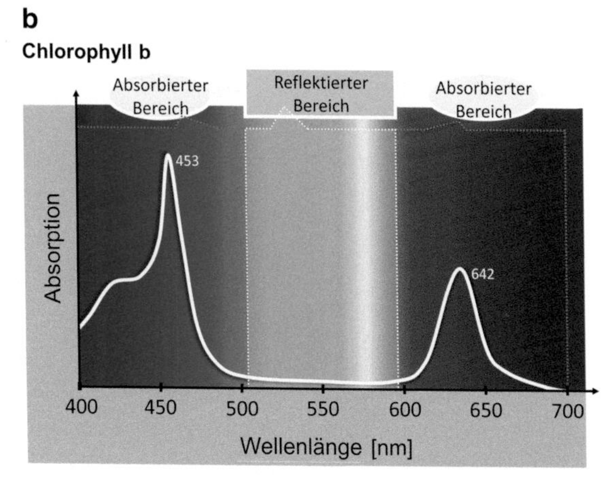

Abb. 2.1 **a** Absorptionsspektrum von Chlorophyll *a*. **b** Absorptionsspektrum von Chlorophyll *b*. Grafik: Melvin Müller

In einer Studie aus dem Jahr 2015 wurde isoliertes Chlorophyll *a* und *b* unabhängig vom Lösungsmittel mit Laseranregung im Vakuum gemessen [2]. Das Ergebnis: die Absorptionsmaxima sind um 15–60 nm ins kurzwelligere Spektrum verschoben – bei Chlorophyll *a* liegen sie bei 372 nm beziehungsweise 642 nm und bei Chlorophyll *b* bei 392 nm beziehungsweise 626 nm. Isoliertes Chlorophyll – ohne die zelluläre Umgebung der Photosyntheseproteine und außerhalb der Hülle (Membran) der Chloroplasten – erscheint demnach blaustichtiger. Die Blätter und Gräser würden wir tatsächlich blauer als gewohnt wahrnehmen.

Während es sich bei Blättern oder anderen grünen Feststoffen, wie beispielsweise bei grünem Papier, um Reflexion des grünen Lichts handelt, spricht man bei der grünen Chlorophylllösung in Glas- oder Kunststoffbehältern von einer Transmission (Durchlässigkeit) der grünen Lichtanteile, wie Abb. 2.2 verdeutlicht.

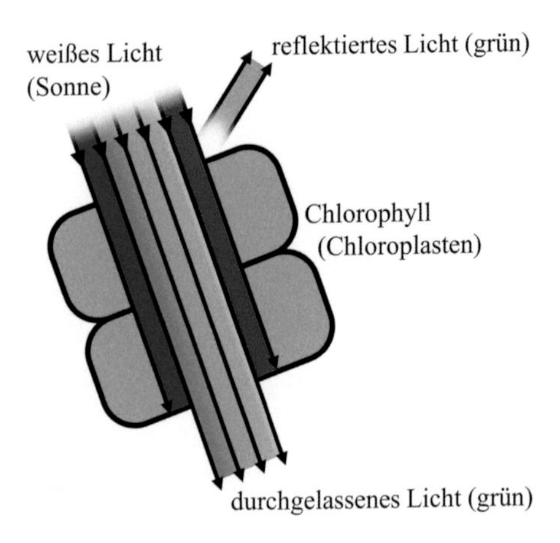

Abb. 2.2 Lichtweg durch ein grünes Blatt (Reflexion) bzw. Chlorophyll (Transmission). Rotes und blaues Licht wird absorbiert. (Nach [3]). Grafik: Melvin Müller

2.1.2 Die große Farbpalette

Die Membran der Chloroplasten, derjenigen Zellorganellen, in denen die Photosynthese abläuft, ist nicht nur mit Chlorophyll „vollgestopft", sondern enthält zusätzlich noch eine ganze Armee weiterer lichtempfindlicher Pigmente [4]. Dazu zählen die gelb bis rot gefärbten Carotinoide, wie beispielsweise das β-Carotin, das Möhren und Kürbissen ihre orange Farbe verleiht oder das knallrote Lycopin. Carotinoide sind langgestreckte, langkettige, hydrophobe, fettlösliche Kohlenwasserstoffe, die sich gut und fest in die Membran verankern können. Sie helfen mit beim Lichtsammeln und absorbieren Licht der Wellenlängen zwischen 400 und 500 nm, also genau in der Lücke, die durch die Chlorophylle *a* und *b* nicht abgedeckt wird (Abb. 2.3). Zudem ist die Strahlungsintensität des Sonnenlichts bei ca. 500 nm am höchsten [5]. Xanthophylle sind mit Sauerstoff angereicherte

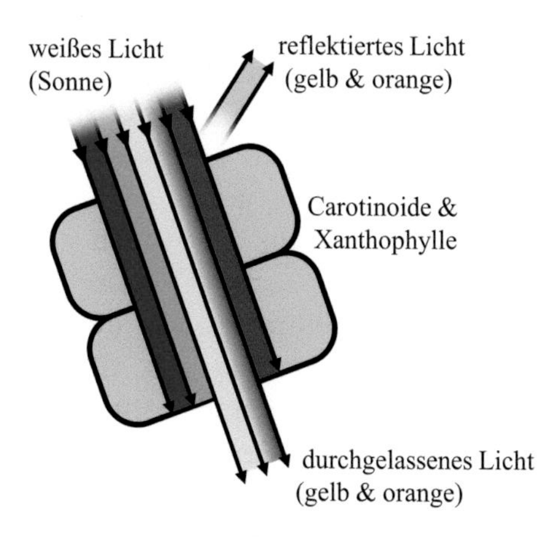

Abb. 2.3 Lichtweg durch ein gelbes Blatt (Reflexion) bzw. Carotinoide & Xanthophylle (Transmission). Carotinoide und Xanthophylle absorbieren grün-blaues Licht und erscheinen daher als gelb-orange-rot. Grafik: Melvin Müller

(oxidierte) Carotinoide und ebenfalls in Blättern als farbgebende Pigmente enthalten [6, 7]. Lutein ist der häufigste orangegelbe Blattfarbstoff aus dieser Substanzklasse.

Mithilfe der Carotinoide und Xanthophylle geht der Pflanze weniger Licht verloren und sie kann auch bei bedecktem Wolkenhimmel genügend Licht einfangen. Außerdem fungieren die Carotinoide als eine Art „Sonnencreme". Bei zu hoher Lichteinstrahlung durch die Sonne kann in den Zellen der Blätter über eine photochemische Reaktion aus normalem Luftsauerstoff schädlicher Sauerstoff gebildet werden. Dieser sogenannte Singulett-Sauerstoff ist sehr reaktiv und kann den gesamten Photosynthese-Apparat durch Oxidation lahmlegen [4]. Das können Sie sich ungefähr so vorstellen, als ob das Blatt „verrosten" würde. Oxidation heißt einfach ausgedrückt: Sauerstoffaufnahme. Wie beim Verbrennen von Brennstoffen oder beim Rosten von Eisen. Als Folge der Oxidation würden die Blätter absterben. Carotinoide verhindern dies auf zweierlei Weise: Erstens, sie absorbieren viel des Lichts, damit es erst gar nicht zur Bildung von Singulett-Sauerstoff kommt. Zweitens, sie wandeln den energiereichen Singulett-Sauerstoff durch Übernahme dessen Energie in normalen Sauerstoff um. Die aufgenommene Energie geben die Carotinoide als Wärme wieder ab. Man sagt, sie wirken als Quencher. Aber Sonnencreme klingt doch viel besser und anschaulicher. Im goldenen Herbst werden die Chlorophylle nach und nach abgebaut und die Carotinoide und Xanthophylle kommen mehr und mehr zum Vorschein, wie Abb. 2.4a zeigt. Ebenso die purpurn gefärbten Anthocyane (Abb. 2.4b), die auch vielen Früchten ihre rötliche Farbe verleihen, wie beispielsweise roten Johannisbeeren, Brombeeren, Heidel- und Preiselbeeren aber auch den Radieschen, Auberginen und dem Rotkohl. Alle drei

Abb. 2.4 **a** Ginkgo-Baum im Oktober. **b** Amber-Baum im Oktober

Pigmente – Carotinoide, Xanthophylle und Anthocyane – sind verantwortlich für die goldgelbe bis rote Farbenpracht und fungieren zusätzlich als Schutzfaktor gegen zu viel Sonnenlicht. Pflanzen ohne Carotinoide sterben übrigens rasch ab [8].

2.1.3 Die Photosynthese

Ganz einfach und kurz zusammengefasst können Sie sich die Photosynthese vorstellen wie einen 4 × 100-m-Staffellauf. Über mehrere Stationen (Moleküle) wird ein Stab (Elektron) möglichst schnell von hier nach dort transportiert. Das Licht gibt den Startschuss und im Ziel gelangt das Elektron zum Kohlendioxid, das zu Zucker (Glucose) verarbeitet wird.

Für alle Interessierten geht es jetzt etwas genauer ins biochemische Eingemachte. Wem das zu viel Theorie ist, kann den Abschnitt einfach überspringen und ab Abschn. 2.1.4 gleich mit den Chlorophyll-Experimenten beginnen.

Bei der Photosynthese spielen zwei miteinander gekoppelte sogenannte Photosysteme (PS) die Hauptrolle. Letztendlich geht es dabei um die Umwandlung von Lichtenergie in chemische Energie in Form von Molekülen. Die beiden Photosysteme I und II bestehen aus 50–100 Molekülen, mit jeweils einem Reaktionszentrum, das von zahlreichen Lichtsammelkomplexen (LSK) ringförmig umgeben, ja regelrecht umzingelt ist. Die LSK liegen dicht an dicht und sind gespickt mit Chlorophyll- und Carotinoidmolekülen, die fest an Membranproteinen verankert sind. Die starre Fixierung aller beteiligten Pigmente ist überaus wichtig, damit die Übertragungswege kurz und effektiv vonstatten gehen. Trifft nun Licht auf die Photosysteme, wird eine ganze Kaskade an Reaktionen ausgelöst [1, 9, 10].

Alles beginnt aus entdeckungsgeschichtlichen Gründen mit dem Photosystem II (PS II). Trifft Licht der Wellenlänge ≤680 nm (rotes Licht) auf das grüne Blatt, wird es von den Lichtsammelstoffen der Lichtsammelkomplexe (LSK) eingefangen (absorbiert) und dessen Energie verlustfrei in hoher Geschwindigkeit von Molekül zu Molekül in die Mitte zum Reaktionszentrum weitergeleitet. Die Lichtenergie wird quasi konzentriert. Die Lichtsammelkomplexe können Sie sich also wie molekulare Lupen vorstellen, die das Licht bündeln und dann fokussiert ins Reaktionszentrum leiten.

Im Zentrum sitzt ein „spezielles Paar“ aus zwei Chlorophyll-*a*-Molekülen, die bei Lichtaufnahme ein Elektron freisetzen. Elektronen sind negativ geladene Elementarteilchen. Das negative Elektron wird in mehreren Stufen von elektronenliebenden Molekülen aufgenommen, „eingepackt“ und schrittweise über sieben Stufen auf die Reise geschickt bis zum Photosystem I. Da dem PS II nun ein Elektron fehlt, bekommt es eine positive Ladung und wird zum $P680^+$. Man spricht daher von lichtinduzierter Ladungstrennung. Diese Abläufe passieren mit unfassbarer Geschwindigkeit im milliardstel bis trillionstel Sekundenbereich! Unvorstellbar! Das $P680^+$ ist so energiereich, dass es sich schleunigst sein verlorenes Elektron zurückholt, indem es einem Wassermolekül die Elektronen klaut. Dabei wird Wasser gespalten und zu Sauerstoffgas umgewandelt. Insgesamt werden aus zwei Wassermolekülen vier Elektronen entzogen, das $P680^+$ wird wieder zum ursprünglichen P680 „resettet" und der Sauerstoff an die Luft abgegeben, den wir dann einatmen. Vier Protonen, also positiv geladene Wasserstoffatome (H^+), entstehen auch noch. Die sind später wichtig. Das Reaktionszentrum des Photosystems II trägt übrigens den Namen P680, weil es eben mit Licht der Wellenlänge ≤ 680 nm arbeitet, und P steht für das „spezielle *P*aar".

Weiter geht die wilde Elektronenfahrt im Photosystem I und dessen Reaktionszentrum P700. Auch dieses ist mit zahlreichen Lichtsammelkomplexen ringförmig umgeben. Licht der Wellenlänge ≤ 700 nm (rotes Licht) wird gesammelt, dessen Energie weitergeleitet, konzentriert und ins Reaktionszentrum transportiert. Auch hier hockt ein „spezielles Paar" aus zwei Chlorophyll-*a*-Molekülen, aus denen das Licht ein Elektron herausschlägt und somit das P700 positiv werden lässt ($P700^+$). Dieses Elektron wird über fünf Stufen durch verschiedene Moleküle weitergeleitet und landet schlussendlich beim $NADP^+$. $NADP^+$ nimmt das Elektron auf und wird so zu einer der wichtigsten biochemischen Substanzen der Natur, zum NADPH (Nicotinamid-Adenin-Dinucleotid-Phosphat), das bei der Herstellung von komplexen, organischen Substanzen, wie beispielsweise Proteine, Kohlenhydrate, Fette, Nukleinsäuren und Hormone, eine zentrale Rolle spielt. Das $P700^+$ erhält sein verloren gegangenes Elektron übrigens vom Photosystem II, und so endet der gesamte

Elektronenfluss wie bei einer Dominostein-Kaskade. Die frei gewordenen Protonen (H^+) werden für die Herstellung von ATP (Adenosintriphosphat), dem bedeutendsten biochemischen Energieträger der Natur, eingesetzt [1, 9, 10].

Und was kommt unterm Strich heraus? Die Photosynthese wandelt Lichtenergie in chemische Energie um. Dabei entsteht erstens NADPH, zweitens ATP und drittens Sauerstoff. Das Ganze passiert bei Lichteinstrahlung und wird daher Lichtreaktion genannt. Die beiden chemischen Energieträger NADPH und ATP fließen anschließend in die sogenannte Dunkelreaktion (Calvin-Zyklus), bei der Kohlendioxid aus der Luft in mehreren Schritten unter Mithilfe von NADPH und ATP in Glucose umgewandelt wird [11]. Für diese Abläufe benötigt die Pflanze kein Licht, deswegen der Name Dunkelreaktion. Aus Glucose kann die Pflanze schließlich Stärke und weitere Kohlenhydrate bilden. Abb. 2.5 fasst die Ergebnisse nochmals grafisch zusammen. Fazit: Die Photosynthese ist ein Paradebeispiel für das Zusammenspiel von Physik, Chemie und Biologie.

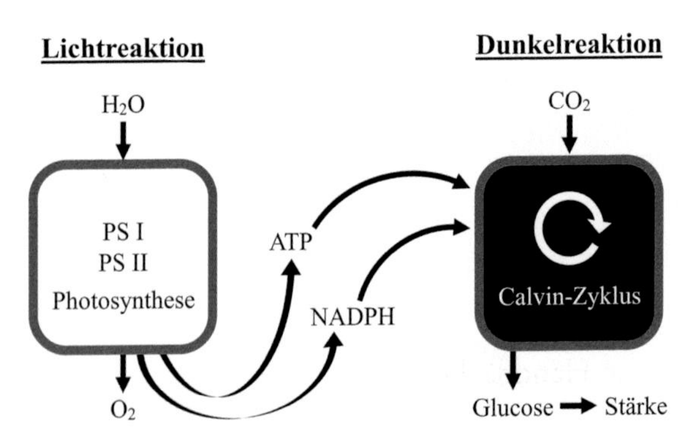

Abb. 2.5 Schema der Licht- und Dunkelreaktion in den Chloroplasten. Grafik: Melvin Müller

Hintergrund

Unkrautvernichter
Die meisten Unkrautvernichter (Herbizide), die in der Landwirtschaft eingesetzt werden, blockieren die Photosysteme I und II. Die Folge ist, dass schnell wachsende Pflanzen „verhungern“ und absterben [1].

2.1.4 Experiment: Eine Chlorophylllösung herstellen

Chlorophyll ist leicht zu extrahieren, die alkoholische Extraktion eignet sich auch für Schüler:innen ab der 5. Klasse bzw. ab etwa 9 Jahren unter Mithilfe der Lehrkraft bzw. der Eltern [12, 13].

Sie brauchen
- Wiese, Rasen
- Ethanol (96 Vol.-%) oder Brennspiritus
- Schere
- Marmeladenglas mit Deckel, Schraubdeckelglas ca. 500–750 mL Volumen
- leere PET-Flasche (500 mL Volumen)

So klappt's
Etwa eine Handfläche voll frisches Gras (ca. 10 g) werden mit einer Schere in kleine Schnipsel zerschnitten und in ein gut schließendes Schraubdeckelglas mit 500–750 mL

Abb. 2.6 Extraktion und Filtration von zerkleinertem Gras mittels Ethanol. **a** Klein geschnittene Grasschnipsel in einem Schraubdeckelglas. **b** Filtration der Ethanol-Gras-Mischung. **c** Chlorophylllösung als Filtrat in einer kleinen PET-Flasche

Volumen gegeben (Abb. 2.6). Nun fügt man 200 mL Ethanol (96 Vol.-%) oder Brennspiritus hinzu, verschließt das Glas und schwenkt es ein paar Mal um. Nach etwa 20–30 min filtriert man die grüne Lösung durch einen Kaffeefilter in eine 500-mL-PET-Flasche (Abb. 2.6). Im verschlossenen Gefäß hält sich die Chlorophylllösung vor Licht geschützt monatelang. An Licht verblasst sie allmählich.

2.1.5 Experiment: Rotes Leuchten im Grasgrün – mit der Handy-Lampe auf Photosynthese-Spur

Ein erstes Experiment zum Thema Chlorophyll/Blattgrün könnte beginnen, indem die Kinder oder Freunde als „Forschungsaufgabe" eine Wiese oder eine Rasenfläche bei Dunkelheit mit einer Taschenlampe beleuchten, um zu

testen, ob dort ein rotes Leuchten auftritt. Beim Hauptexperiment kann daraufhin die Versuchsreihe mit der Chlorophylllösung starten.

Sie brauchen

- alkoholische Chlorophylllösung (Abschn. 2.1.4)
- schmales Glas (hohes Trinkglas, Reagenzglas)
- LED-Taschenlampe oder Smartphone-Leuchte
- falls vorhanden: Taschenlampe mit Blaufilter oder UV-Lampe
- Dunkelheit

So klappt's

Gibt man die ethanolische Chlorophylllösung in ein schmales Glas und durchleuchtet es senkrecht von unten, ist keine Fluoreszenz zu erkennen, die Chlorophylllösung erscheint grün. Wird die Lösung aber von der Seite beleuchtet, ist eine rote Fluoreszenz zu beobachten (Abb. 2.7a und b). Mit einer LED-Taschenlampe oder der Smartphone-Leuchte ist die rote Fluoreszenz gut erkennbar. Bei Einsatz eines Blaufilters kommt der Effekt noch deutlicher zur Geltung, weil das gesamte Licht aus kurzwelligem und damit energiereicherem Licht besteht. Zusätzlich wird die Wahrnehmung der Fluoreszenz verbessert. Besonders spektakulär erscheint die rote Fluoreszenz in einem Rund- oder Erlenmeyerkolben mit breiter Flüssigkeitsoberfläche, wie Abb. 2.7c und d zeigen.

Was steckt dahinter?

Das Fluoreszenzlicht verhält sich isotrop, das heißt, es strahlt gleichmäßig nach allen Richtungen. Fällt das Anregungslicht aus horizontaler Richtung auf die Lösung, so geht fast kein Licht der Anregungslampe in das Auge des Betrachters. Das sich nach allen Richtungen aus-

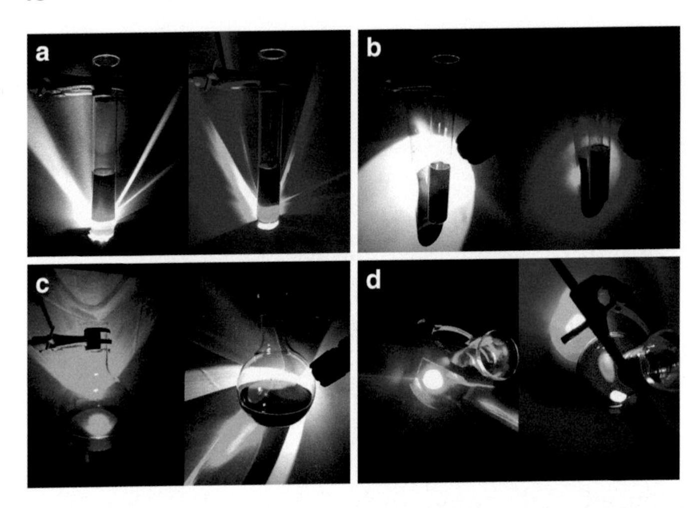

Abb. 2.7 **a** Chlorophylllösung mit weißem Licht (links) und blauem Licht (rechts) senkrecht von unten bestrahlt. Die Lösung erscheint grün. **b** Die gleichen Lösungen mit weißem Licht (links) und blauem Licht (rechts) von der Seite bestrahlt. Die Lösung fluoresziert rot. **c** Chlorophylllösung im Rundkolben mit weißem Licht senkrecht von unten (links) und von der Seite (rechts) bestrahlt. **d** Die gleiche Lösung mit blauem Licht senkrecht von unten (links) und von der Seite (rechts) bestrahlt

breitende Fluoreszenzlicht ist daher an der Oberfläche der Lösung zu sehen (Abb. 2.7). Wird das Glas jedoch von unten beleuchtet, schauen Betrachter dem Anregungslicht entgegen. Das rote Fluoreszenzlicht gelangt zwar noch immer ins Auge, wird aber vom hellen Anregungslicht überstrahlt, da es intensiver ist [13].

Durch Absorption von Licht gelangen Elektronen im Photosynthese-Apparat vom Grundzustand in den angeregten Zustand. Normalerweise nehmen die in der Chloroplasten-Membran verankerten Photosynthese-Substanzen diese Elektronen auf und leiten sie kaskadenartig weiter. Dabei werden etwa 80 % der absorbierten

Lichtenergie photochemisch genutzt, 19,5 % werden als Wärme an die Umgebung abgegeben und 0,5 % gehen als Fluoreszenzlicht verloren [14]. Da die Chlorophylllösung keine Chloroplasten enthält oder diese nur zerstört (vom Ethanol denaturiert) vorliegen, funktioniert dieser Prozess nicht mehr. Die Elektronen verlieren innerhalb von Picosekunden strahlungslos bis zu 97,5 % der Energie als Wärme und gelangen dann vom angeregten Zustand in den Grundzustand. Dabei geben sie die verbleibende Energie als langwelligeres Licht in Form einer roten Fluoreszenz mit einem Emissionsmaximum von 685 nm an die Umgebung ab [14, 15]. Ein mit weißem oder blauem Licht bestrahltes grünes Blatt, eine Wiese oder grünes Gemüse fluoreszieren zwar auch, die Fluoreszenz macht jedoch nur 0,5 % des eingestrahlten Lichts aus und ist für unser Auge nicht sicht- oder wahrnehmbar. Die rote Chlorophyllfluoreszenz von (Nutz-)Pflanzen wird übrigens auch zur Bestimmung des „Gesundheits-

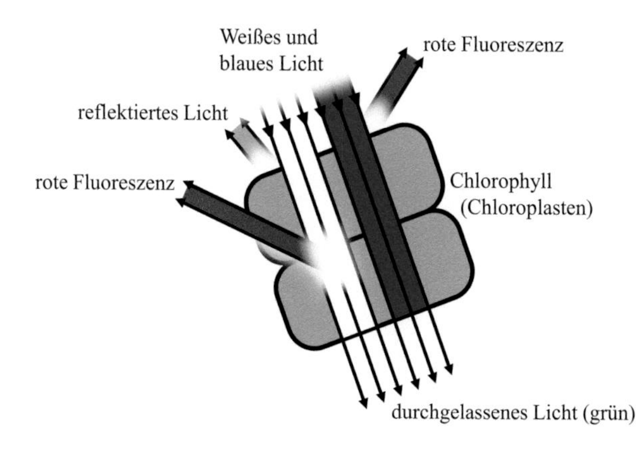

Abb. 2.8 Rote Fluoreszenz des grünen Chlorophylls bei Bestrahlung mit weißem oder blauem Licht. Grafik: Melvin Müller

zustands" der betreffenden Pflanze verwendet. Mit diesem seit Jahrzehnten bekannten Phänomen lassen sich Stressfaktoren wie Nahrungsmangel, Hitze, Wassermangel oder Schädlingsbefall indirekt messen [14]. Je schlechter es einer Pflanze geht, desto weniger Lichtenergie kann sie in chemische Energie umwandeln und desto heller leuchtet die Fluoreszenz. Heutzutage werden die Fluoreszenzspektren von Masten oder Flugzeugen aus aufgenommen. Zukünftig soll ein Fluoreszenz-Satellit der ESA hochaufgelöste Fluoreszenzkarten liefern, um beispielsweise Ernteausfälle oder die globale Vegetation im Klimawandel zu erforschen. Die Grafik in Abb. 2.8 veranschaulicht nochmals die rote Fluoreszenz des grünen Chlorophylls.

Schließlich kann man die Frage beantworten, warum eine Wiese nachts bei Bestrahlung mit weißem oder blauem Licht für unser Auge nicht erkennbar rot leuchtet. Die Zellen der Grashalme – wie in allen anderen grünen Blättern – enthalten noch die Chloroplasten, die intakten Proteine der Lichtsammelkomplexe sowie die beiden Photosysteme. Diese Moleküle speisen die Elektronen weitgehend verlustfrei in die Photosynthese-Kaskade ein und „verwerten" sie.

2.1.6 Experiment: Die Fluoreszenz „wegzaubern" – der Quenchingeffekt

Sie brauchen
- alkoholische Chlorophylllösung (Abschn. 2.1.4)
- Wasser
- Geschirrspülmittel

- Kunststoffspritze (10–20 mL, Apotheke, Baumarkt)
- schmales Glas (hohes Trinkglas, Reagenzglas)
- LED-Taschenlampe oder Smartphone-Leuchte
- Dunkelheit

So klappt's

Geben Sie etwa 10 mL Chlorophylllösung mithilfe einer Kunststoffspritze in ein schmales Glas und beleuchten Sie die Lösung seitlich im Dunkeln: Die rote Fluoreszenz ist deutlich zu sehen. Nun gibt man mit der Spritze milliliterweise Wasser hinzu. Das Glas wird währenddessen weiterhin beleuchtet. Ab einer bestimmten Menge Wasser (ca. 7 mL) verschwindet die rote Fluoreszenz und die Lösung leuchtet nur noch grünlich (Abb. 2.9).

Die verschwundene Fluoreszenz kann man aber wieder hervorholen: Geben Sie einen kräftigen „Schuss" Spülmittel in das Glas. Umschwenken. Beleuchten. Falls noch nichts zu sehen ist, einfach erneut Spülmittel hinzufügen. Bei seitlicher Beleuchtung taucht die rote Fluoreszenz wieder auf – allerdings recht schwach und nicht so farbenprächtig wie am Anfang.

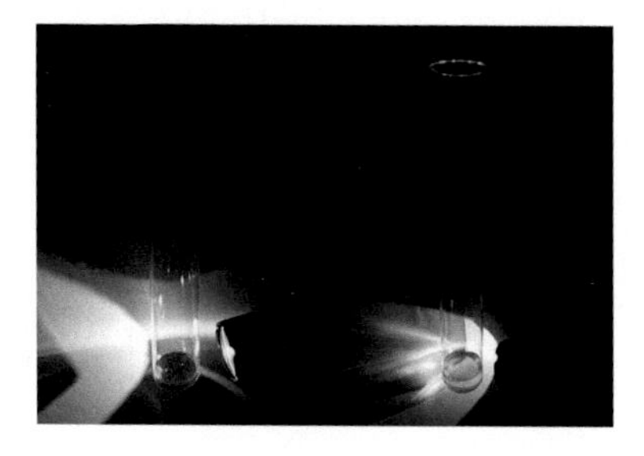

Abb. 2.9 Beleuchtung einer Chlorophylllösung mit weißem Licht von der Seite. **a** Zunächst erscheint die rote Fluoreszenz. **b** Nach Zugabe von Wasser verschwindet die rote Fluoreszenz

Was steckt dahinter?

Das Löschen der Fluoreszenz, der sogenannte Quenching-Effekt, beruht auf der Aggregation der Chlorophyllmoleküle in hydrophiler Umgebung (engl. *to quench* = löschen). Das heißt, die eher hydrophoben (wasserabweisenden) Chlorophyllmoleküle „rotten" sich im Wasser zusammen, lagern sich zusammen, „verklumpen" sozusagen und geben die Lichtenergie untereinander weiter. Für eine Fluoreszenz bleibt da nichts mehr übrig.

Spülmittel enthalten Tenside, die aus einem hydrophilen (wasserliebenden) Köpfchen und einem hydrophoben (wasserabweisenden) Stäbchen bestehen. Ihren Aufbau können Sie sich vorstellen wie ein Streichholz: Köpfchen liebt Wasser, Stäbchen meidet Wasser. Solche Tenside bilden im Wasser mikroskopisch kleine Kügelchen, sogenannte Micellen. Die Köpfchen befinden sich dabei an der Oberfläche, während die Stäbchen dicht an dicht die Kugel bilden. Beim Putzen nehmen die hydrophoben Stäbchen Fett und Dreck auf und kugeln sie ein. Bei unserem Experiment lagern sich statt Fett oder Dreck die Chlorophyllmoleküle in die Micellen-Membran ein, denn Chlorophyll ist eine hydrophobe Substanz. Somit können einzelne Chlorophyllmoleküle aus dem Wasser-Ethanol-Gemisch herausgefischt, „eingefangen" und isoliert werden. Und schon sind sie wieder fluoreszenztauglich. Vermutlich werden nicht alle Chlorophylle in die Micellen eingebaut. Dies würde erklären, warum die rote Fluoreszenz nicht mehr in voller Pracht erscheint.

2.1.7 Experiment: Leuchten auch andere grüne Farbstoffe rot?

Um zu untersuchen, ob auch andere grüne Farbstoffe bei Beleuchtung rot fluoreszieren, werden Lösungen beispielsweise aus grüner Tinte oder grüner Lebensmittelfarbe hergestellt [13].

Sie brauchen

- grüne Tinte (Füllhaltertinte dunkelgrün 4001, Hersteller: Pelikan, 6 Patronen = 1,49 €) oder
- grüne Lebensmittelfarbe (E131 = Patentblau V, Hersteller: Rosenheimer Gourmet Manufaktur; 40 mL = 2,99 €) oder
- grüne Lebensmittelfarbe (E141 = Kupfer-Chlorophyllin, Hersteller: Wusitta; 20 mL = 0,99 €)
- Ethanol oder Brennspiritus
- 1 Glas (zum Mischen)
- schmales Glas (hohes Trinkglas, Reagenzglas)
- LED-Taschenlampe oder Smartphone-Leuchte
- kleiner Messbecher oder Spritze (50 mL, Apotheke, Baumarkt)

So klappt's

Geben Sie jeweils 2–10 Tropfen eines grünen Farbstoffs in 50 mL Ethanol oder Brennspiritus. Von den grünen Farblösungen gibt man jeweils 20–30 mL in ein schmales Glas und beleuchtet im Dunkeln von unten und seitlich. Abb. 2.10 zeigt das Verhalten von grüner Tinte bzw. grüner Lebensmittelfarbe bei Lichteinstrahlung. Bei keiner der grünen Lösungen zeigt sich eine rote Fluoreszenz.

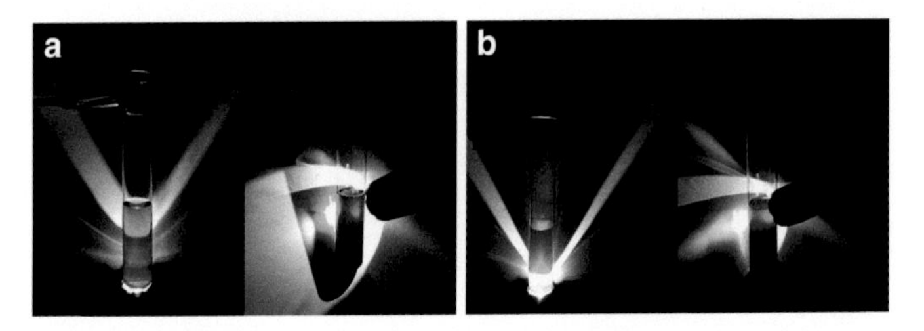

Abb. 2.10 **a** Bestrahlung einer grünen Tintenlösung mit weißem Licht von unten und von der Seite. **b** Bestrahlung einer Lösung mit grüner Lebensmittelfarbe mit weißem Licht von unten und von der Seite. Bei keiner dieser grünen Lösungen ist eine rote Fluoreszenz zu sehen

Was steckt dahinter?

Die verwendeten grünen Farbstoffmoleküle sind photochemisch inaktiv und lassen sich nicht wie Chlorophyll anregen. Dies macht das Chlorophyll für die Photosynthese so einzigartig und unabkömmlich.

2.1.8 Experiment: Die gelben Blattfarbstoffe sichtbar machen: Oben grün, unten gelb

Unsere alkoholische Chlorophylllösung (Abschn. 2.1.4) ist ja ein wildes Gemisch aus zahlreichen Blattfarbstoffen, sprich: den grünen Chlorophyllmolekülen und vielen weiteren gelben Carotinoid- und Xanthophyll-Pigmenten. Mit einem einfachen Experiment kann man die grünen von den gelben Farbstoffen trennen und sichtbar machen [16].

Sie brauchen

- alkoholische Chlorophylllösung (Abschn. 2.1.4)
- Wasser
- Feuerzeugbenzin (Supermarkt)
- kleiner Messbecher
- schmales Glas (hohes Schraubdeckelglas, Reagenzglas mit Stopfen)

So klappt's

Geben Sie 20 mL alkoholische Chlorophylllösung in ein schmales Schraubdeckelglas oder Reagenzglas und fügen noch 10 mL Wasser hinzu. Es entsteht eine klare, grüne Lösung. Nun geben Sie 20 mL Feuerzeugbenzin zu der grünen Lösung, verschließen das Glas mit dem Deckel oder Stopfen und schütteln den Inhalt kräftig durch. Da sich Wasser/Ethanol und Benzin nicht mischen, bildet sich eine trübe Emulsion, die sich nach wenigen Minuten in zwei Schichten auftrennt. In der oberen Schicht (man spricht auch von Phase) befindet sich das leichtere Benzin mit den gelösten grünen Chlorophyll-Farbstoffen. Die untere Schicht ist schwerer und besteht aus wässrigem Ethanol mit gelösten gelben Carotinoid- und Xanthophyll-Farbstoffen (Abb. 2.11).

Was steckt dahinter?

Benzin ist absolut unpolar und somit höchst wasserabweisend. Es vermischt sich nicht mit dem polaren Wasser, trennt sich von ihm und „schwimmt" oben auf dem Wasser aufgrund seiner geringeren Dichte. Dichte Wasser: 1,0 g/cm^3, Dichte Benzin: 0,68 g/cm^3. Wasser ist demnach rund 1,5-mal schwerer als Benzin. Die Chlorophyllmoleküle sind ebenfalls sehr unpolar und wasserabweisend und wandern daher aus der alkoholischen Lösung heraus zum Benzin in die Benzinphase. Dort fühlen sie sich einfach wohler. Die gelben Blattfarb-

Abb. 2.11 Trennung von grünen und gelben Blattfarbstoffen einer alkoholische Chlorophylllösung, die mit Feuerzeugbenzin versetzt wurde. (Nach Entmischung befinden sich die grünen Chlorophyll-Pigmente in der oberen, leichteren Benzinschicht, während die gelben Carotinoid- und Xanthophyll-Farbstoffe in der unteren, schwereren Wasser-Alkohol-Phase gelöst sind)

stoffe wie die Carotinoide und Xantophylle (Lutein) sind dagegen eher polar und wasserlöslich. Sie verbleiben in der Ethanol-Wasser-Phase [16].

Hintergrund

Die Fluoreszenz

Unter Fluoreszenz versteht man die Emission von Licht, die nur so lange anhält, wie die fluoreszierenden Moleküle durch Lichtabsorption angeregt werden. Mithilfe von Licht nehmen Elektronen eines fluoreszenzfähigen Moleküls Energie auf und werden in extrem kurzer Zeit von 10^{-13} s vom Grundzustand (S_0) in einen angeregten

Singulett-Zustand (S_2) befördert. Innerhalb von 10^{-11} s kommt es über strahlungslose Schwingungsrelaxation und thermische Äquilibrierung durch Molekülstöße zu einer Abgabe von Energie in Form von Wärme an die Umgebung. Durch dieses *internal conversion* fällt das angeregte Molekül schließlich auf den energieärmsten angeregten Singulett-Zustand S_1. Von dort wird der verbleibende Rest der Anregungsenergie beim Übergang von S_1 auf den Grundzustand S_0 in Form von sichtbarem Licht innerhalb von 10^{-8} s abgestrahlt und als Fluoreszenz bezeichnet [17, 18]. Durch den Energieverlust ist Fluoreszenzlicht nach langwelligerem Licht verschoben im Vergleich zum kurzwelligeren Anregungslicht (meistens UV-Licht). Die Fluoreszenz tritt nur bei gleichzeitiger Beleuchtung auf und ist demnach eine zeitgleiche Lichtemission bei Bestrahlung mit Licht. Bekannte Fluoreszenzerscheinungen im Alltag sind beispielsweise die unter UV-Licht leuchtenden Textmarker-Stifte, Geldscheine, Esculin aus den Zweigen der Rosskastanie, bestimmte Pilze, Gelbflechten an Bäumen oder überreife Bananenschalen.

So, das war die chemisch-physikalisch korrekte Erklärung der Fluoreszenz. Mit Abb. 2.12 möchte ich aber versuchen, das Energieschema der Fluoreszenz auf eine anschauliche, comichafte Weise zu verdeutlichen.

Und das geht so: Ein mutiges, grünes Elektrönchen klettert mit viel Energie bis auf das 10 m Brett des Sprungturms. Dort herrscht aber ein zu großes Gedränge und zu viel Geschubse, zudem traut es sich nicht so recht herunterzuspringen, sodass das Elektrönchen wieder herunter klettert. Dadurch verbraucht es etwas Energie und gelangt nun mit weniger Energie auf das 3-m-Brett. Dies ist eine angenehme Höhe und das Elektrönchen springt von dort ins Becken. Mit einem Freudenschrei und hochrotem Kopf gibt es seine übrig gebliebene Energie ab. Wir sehen also das rote Kopf-Leuchten bzw. die „Lichtspritzer“ eines ins Wasser gesprungenen Elektrönchens.

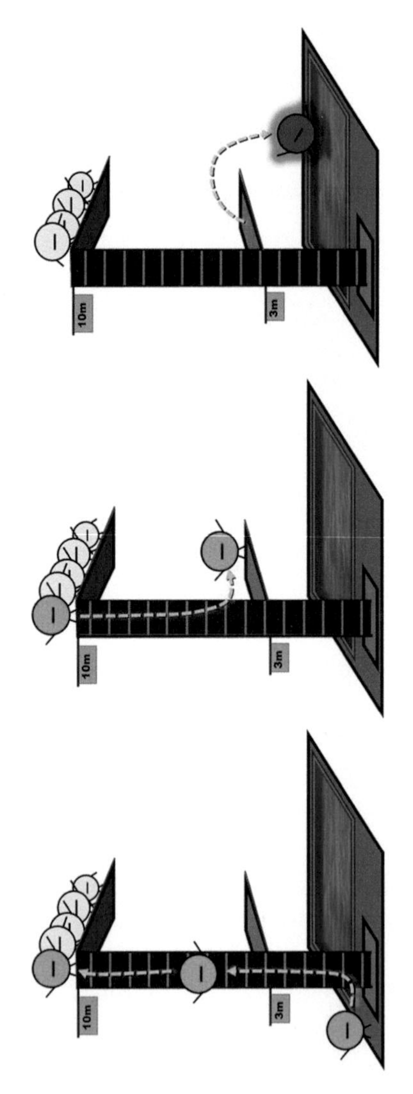

Abb. 2.12 Illustration zur Fluoreszenz, anschaulich als Sprungturm dargestellt. Grafik: Melvin Müller

Weitere spektakuläre Fluoreszenzphänomene in der Natur erfahren Sie in Kap. 5 und 6.

2.2 Der Treibhauseffekt auf der Erde

Was manche Menschen vielleicht nicht wissen: Der Treibhauseffekt ist erst einmal sehr positiv zu bewerten und wird vor allem durch den in der Luft vorhandenen, unsichtbaren Wasserdampf (H_2O) verursacht, und zwar zu etwa 36–70 %. Rund 9–26 % gehen auf das Konto von Kohlendioxid (CO_2), jeweils ca. 3–9 % werden durch Methan (CH_4), Lachgas (N_2O) und natürliches Ozon (O_3) verursacht [19]. Die von der Sonne auf die Erdoberfläche auftreffende Lichtstrahlung gelangt zu etwa 70 % durch die Atmosphäre. Auf der Oberfläche wird der größte Teil davon in Wärmestrahlung (Infrarotlicht) umgewandelt, die von den Gasteilchen in der Luft aufgenommen wird. Insbesondere die oben aufgeführten kleinen Moleküle sind mit ihrer asymmetrischen Ladungsverteilung perfekt in der Lage, die Infrarotstrahlung aufzunehmen und wieder Richtung Erde zurückzugeben. Dadurch kommt es zu einer Erwärmung (Treibhauseffekt). Die mittlere Durchschnittstemperatur auf der Erde beträgt angenehme +14 °C. Ohne den seit Jahrmillionen vorhandenen Treibhauseffekt durch Wasserdampf und CO_2 läge die Erden-Temperatur bei klirrenden −18 °C [19]. So weit so gut. Nun aber kommt der menschengemachte Treibhauseffekt zusätzlich hinzu. Dabei spielen hauptsächlich drei Gase die wesentliche Rolle, Kohlendioxid, Methan sowie Lachgas, denn nur drei- oder mehratomige Moleküle können einen Treibhauseffekt verursachen. Stickstoff (N_2, 78 % in der Luft) sowie Sauerstoff (O_2, 21 % in der Luft) sind zweiatomige Gase und steuern nichts zum Treibhauseffekt bei, da sie nur zu symmetrischen Streckschwingungen fähig und somit nicht infrarotlichtaktiv sind. Der Hauptverursacher des menschengemachten Temperaturanstiegs ist das Kohlendioxid (CO_2), das durch Infrarotstrahlung zu Deformationsschwingungen angeregt werden kann. Diese asymmetrischen Schwingungen setzen Wärmeenergie frei. Ebenso geschieht dies bei Wasser (H_2O), Methan (CH_4) und Lachgas (N_2O). Die meisten Treibhausgase stammen aus der fossilen Energie, der Viehhaltung, der Waldrodung, der Bodenbearbeitung (Düngung) und der Biomasse-Verbrennung [20]. In Tab. 2.1 sind die wichtigsten Fakten nochmals aufgelistet.

Tab. 2.1 Treibhausgase in der Atmosphäre (Auswahl), Stand 2022. (Nach Lit. [20])

Gas	Molekül	Konzentration	Verweildauer in der Atmosphäre	Anteil am natürlichen Treibhaus-Effekt	Anteil am menschengemachten Treibhaus-Effekt
Luft Wasserdampf	N_2, O_2, H_2O	/	ca. 10 Tage	ca. 60 %	/
Kohlendioxid	CO_2	420 ppm	ca. 120 Jahre, 85-60 % Abbau nach 1.000 Jahren	ca. 26 %	ca. 58 %
Methan	CH_4	2.000 ppb	ca. 9 Jahre	ca. 2 %	ca. 22 % (25x wirksamer als CO_2)
Lachgas	N_2O	332 ppb	ca. 131 Jahre	ca. 4 %	ca. 6 % (300x wirksamer als CO_2)

Hintergrund

Treibhausgase
Auf Rang 1: Kohlendioxid (CO_2).

Weltweiter, menschengemachter Ausstoß von CO_2 *pro Tag*: ca. 100 Mio. Tonnen (Stand: 2022)! Obwohl CO_2 in der Luft aktuell „nur" zu 0,042 % (= 420 ppm) vorliegt, hat es eine gewaltige, globale Auswirkung auf die Erderwärmung und somit auf das weltweite Klima (2–3 ppm jährliche Erhöhung, 0,2 °C Erwärmung alle zehn Jahre). 0,042 % CO_2 entsprechen einer rund 20 m dicken Gasschicht aus reinem CO_2 rund um den Globus. Sauerstoff mit 21 %: 10 km Dicke, Stickstoff mit 78 %: 39 km Dicke (bei 50 km Höhe der Atmosphäre und einer Erdoberfläche von $2{,}55 \times 10^{10}$ km^2). Die geringe Menge an Kohlendioxid darf nicht darüber hinwegtäuschen, dass das globale Klima extrem empfindlich reagiert und schon geringfügige Änderungen dramatische Auswirkungen darauf nach sich ziehen, was sich in Millionen Jahren als Gleichgewicht eingestellt hat. 1800 lag der Wert noch bei 280 ppm, 1965 bei 320 ppm, 2005 bei 380 ppm und 2021 bei 417 ppm.

Auf Rang 2: Methan (CH_4).

Es stieg von 1700 ppb im Jahr 1988 auf 2000 ppb im Jahr 2021 an. Es ist etwa 25-mal treibhauswirksamer als CO_2.

Auf Rang 3: Lachgas (Distickstoffoxid, N_2O).

Es ist rund 300-mal wirksamer als CO_2. Von 300 ppb im Jahr 1978 auf 332 ppb im Jahr 2020 gestiegen. Rund 0,8 ppb Anstieg pro Jahr.

ppm (parts per million) = 1 Millionstel Teil;
z. B. 1 mL (= 1 cm^3) in 1 m^3 (= 1000 L = 1 Mio cm^3);
entspricht 1/10.000stel Prozent.

400 ppm CO_2 bedeutet: 0,04 % CO_2 oder 400 CO_2-Moleküle pro Million Moleküle trockener Luft.

ppb (parts per billion) = 1 Milliardstel Teil;
z. B. 1 mL (= 1cm^3) in 1000 m^3 (= 1 Mio L = 1 Mrd cm^3);
entspricht 1/10.000.000stel Prozent.

400 ppb CH_4 bedeutet: 0,00004 % CH_4 oder 400 CH_4-Moleküle pro Milliarde Moleküle trockener Luft.

Das IPCC (Intergovernmental Panel on Climate Change = Zwischenstaatlicher Ausschuss für Klimaänderungen, gegründet 1988) soll den weltweiten

Forschungsstand und die naturwissenschaftlichen Erkenntnisse zusammentragen, bewerten und die daraus folgenden Risiken und Auswirkungen der globalen Erwärmung bewerten. Das IPCC hat für den anthropogenen, also den menschengemachten Klimawandel vier mögliche Zukunftsszenarien bis zum Jahr 2100 berechnet [21]. Grundlage sind gestaffelte Ausstoßwerte von Kohlendioxid sowie der anderen Treibhausgase, die als CO_2-Äquivalente umgerechnet und einbezogen werden. Diese vier Szenarien werden als RCP bezeichnet (*representative concentration pathway* = Repräsentativer Konzentrationspfad) und lauten wie folgt [22].

RCP 2.6 („Wir stoppen den globalen CO_2-Ausstoß sofort"): Bei 490 ppm (= 0,049 %) CO_2 als bestes, optimistischstes Szenario würde sich die Erde um maximal 1,7 °C erwärmen und den Meeresspiegel „nur" um bis zu 40 cm anheben.

RCP 4.5: Bei 650 ppm (= 0,065 %) CO_2 als mittelmäßig gutes Szenario würde die Temperatur um maximal 2,6 °C steigen und den Meeresspiegel um bestenfalls 47 cm erhöhen.

RCP 6.0: 850 ppm (= 0,085 %) CO_2 als schlechtes Szenario würde eine Erderwärmung um bis zu 3,1 °C nach sich ziehen und den Meeresspiegel auf bis zu 63 cm anheben.

RCP 8.5 („Wir leben so weiter wie bisher"): Mit 1370 ppm (= 0,137 %) CO_2 als ungünstigsten Fall würde sich die Erde um 4,8 °C erwärmen und sich der Meeresspiegel um bis zu 92 cm erhöhen [22].

Das Mauna Loa Observatorium mit seinem Global Monitoring Laboratory auf Hawaii misst seit 1980 täglich den CO_2-Gehalt in der Atmosphäre und kann jederzeit in Echtzeit im Internet verfolgt werden: https://gml.noaa.gov. Auf dieser sehr empfehlenswerten Webseite finden Sie zahlreiche Daten, Messergebnisse, Auswertungen und tolle

Animationen zu sämtlichen Treibhausgasen und Klimaveränderungen auf unserer Erde.

2.2.1 Experiment: Treibhauseffekt in der Flasche

Mit einem recht einfachen Experiment können Sie den Treibhauseffekt „im Kleinen" nachvollziehen und sichtbar machen.

Sie brauchen

- 3 PET-Flaschen (500 mL Volumen, gereinigt und getrocknet) mit Deckel
- 3 in die Flaschen passende Thermometer (Baumarkt)
- etwas schwarze Farbe (Acryl-, Abtönfarbe, Baumarkt) oder ein Stück schwarzer Stoff
- Kohlendioxid-Kapseln (Soda-Kapseln)
- Lachgas/Sahnegas-Kapseln (Sahnesprühgas aus einem Sahnespender)

So klappt's

Um eine ausreichende Umwandlung der Licht- in Wärmestrahlung zu gewährleisten, wird der Boden einer jeden Flasche von innen mit schwarzer Farbe angemalt. Dazu gibt man einfach einen Klecks Farbe hinein und verteilt ihn mit einem langen Pinsel. Alternativ können Sie auch ein Stückchen schwarzen Stoff in die Flaschen geben. Der Flaschenboden sollte bedeckt sein.

Die erste Flasche wird nur mit normaler Luft befüllt, d. h., Sie entnehmen draußen frische Luft, indem Sie

Abb. 2.13 Drei mit Gas befüllte und mit einem Thermometer versehene „Treibhaus-Flaschen". Grün angemalter Deckel: Luft, gelber Deckel: CO_2, roter Deckel: N_2O

mit der leeren Flasche hin und her wedeln. Anschließend stellen Sie das Thermometer in die Flasche und schrauben den Deckel drauf. Beschriften Sie die Flasche oder den Deckel mit „Luft".

Die zweite bzw. dritte Flasche wird mit Lachgas (Distickstoffoxid, N_2O) bzw. CO_2 befüllt. Lachgas ist übrigens das „Sahne-Gas", das man zum Aufschäumen von flüssiger Sahne in einem Sahnespender verwendet. Dazu legen Sie eine Lachgas- bzw. CO_2-Patrone in den Sahnespender ein und sprühen das reine Gas in die jeweilige Flasche. Um die gesamte Luft aus der Flasche vollständig zu verdrängen, wiederholt man die Befüllung mit dem Gas noch einmal. Dann werden die Thermometer hineingestellt, die Flaschen verschlossen und beschriftet. Auf der Terrasse oder dem Balkon positioniert man nun die drei befüllten Flaschen auf der Süd- bzw. Sonnenseite. Abb. 2.13 zeigt meine drei Gas-Flaschen auf der Terrasse. In der Luft-Flasche bildet sich übrigens bei praller Sonneneinstrahlung Wasserdampf, der sich am

Flaschenrand niederschlägt und damit das Ablesen des Thermometers etwas erschwert.

Was steckt dahinter?

Insbesondere im Hochsommer bei kräftiger Sonneneinstrahlung bekommt man ein eindeutiges Ergebnis. Bei trübem oder kaltem Wetter ohne Sonneneinstrahlung liegen die Temperaturen bei allen Flaschen in etwa gleich. Es ist ein sehr einfaches aber eindrückliches Experiment. In der CO_2-Atmosphäre liegt der Temperaturwert im Vergleich zur Temperatur in der Luft-Flasche um rund 1–2 °C, beim Lachgas sogar um deutliche 3–4 °C höher. Nun muss man allerdings beachten, dass in der natürlichen Atmosphäre weder 100 % CO_2 noch 100 % N_2O vorhanden sind wie in den Flaschen, sondern nur Mengen im ppm- bzw. ppb-Bereich. Das reicht aber schon aus, um das fragile Klimasystem der Erde aus den Angeln zu hebeln. Der Treibhauseffekt ist sehr viel komplexer und hängt u. a. auch mit der Reflexion des Sonnenlichts von der Oberfläche ab. Dieses Rückstrahlvermögen wird als Albedo bezeichnet. Das Aufnahmevermögen von Wärmestrahlung durch unterschiedliche Materie kennen Sie alle: Ein schwarz lackiertes Auto wird in der Sonne deutlich heißer als ein weißes Auto. Schnee und Eis reflektieren das Sonnenlicht sehr viel besser als braune Erde, roter Wüstensand oder graue Felsbrocken. Die Ozeane haben nur einen sehr kleinen Albedo-Wert, weil Wasser eine unfassbar große Wärmekapazität aufweist. Keine Substanz der Welt kann so gut Wärme aufnehmen wie Wasser. Wasser ist Weltmeister im Kühlen, weil es eben so viel Wärme aufnehmen kann. Darum löscht die Feuerwehr so gerne mit Wasser. Selbst mit kochend heißem Wasser können Sie noch Feuer löschen. Finger verbrannt? Ab damit unter den Wasserhahn! Prima Idee! Gehen Sie zum Weltmeister des Kühlens. Nachteil der ganzen Sache: Die Weltmeere erwärmen sich zunehmend mit fatalen Folgen für Flora und Fauna und vor allem für die polaren Eisregionen. Während Eis und Schnee bis zu 90 % des Sonnenlichts zurück ins Weltall strahlen, besitzt Wasser ein Reflexionsvermögen von nur etwa 5–20 %. Das heißt: 80–95 % der Strahlungsenergie verbleibt im Wasser [23]. Über die Jahrzehnte hat sich mittlerweile ein eigendynamischer Teufelskreis aus abschmelzendem Eis, Wasserbildung und zunehmender Erwärmung gebildet, der im Jahr 2022 bereits als Kipppunkt erklärt wurde [23]. Dieser Prozess ist nicht mehr rückgängig zu machen.

2.3 Manche mögen's heiß

Überall im Boden wimmelt es von winzigen Organismen, Bakterien, Pilzen und Tierchen. In einem Esslöffel Waldboden leben mehr Organismen als es Menschen auf der Erde gibt! Hunderte von Arten tummeln sich dort und zersetzen abgestorbene Blätter, Nadeln, Äste usw. zu Nährstoffen und Humus. Wie in einem Komposthaufen. Bei der Zersetzung durch Bakterien entsteht auch Energie in Form von Wärme [24]. Das können Sie mit einem einfachen Experiment leicht untersuchen und messen.

2.3.1 Experiment: Wärme aus Gas? Nein, Wärme aus Gras!

Falls Sie der glückliche Besitzer einer Wiese oder eines Rasens sind, dann können Sie im Sommer dieses Experiment beim nächsten Rasenmähen einmal ausprobieren.

Sie brauchen

- Wiese und Rasenmäher
- Bioabfallbeutel (kompostierbar)
- Thermometer (Baumarkt)

So klappt's

Mähen Sie den Rasen und stopfen Sie das geschnittene Gras in einen Bioabfallbeutel. Das Gras sollte frisch und schön dicht gepackt sein. Nun stecken Sie ein Thermometer in den Grashaufen, so wie in Abb. 2.14b gezeigt. Schon nach kurzer Zeit steigt die Temperatur auf über 30 °C an.

Was steckt dahinter?

Wie der Waldboden sind auch Wiesen, Gräser und Blumen mit Bakterien übersät. Sobald das Gras abgeschnitten wird, beginnen die Bakterien mit der Zersetzung der Stängel. Dabei „verbrennen" sie die pflanzliche Glucose und Cellulose mit Luft-Sauerstoff zu Kohlendioxid. Da diese Reaktion exotherm verläuft, wird Energie in Form von Wärme an die Umwelt abgegeben. Letztendlich sind es bakterielle Enzyme, die die Inhaltsstoffe der

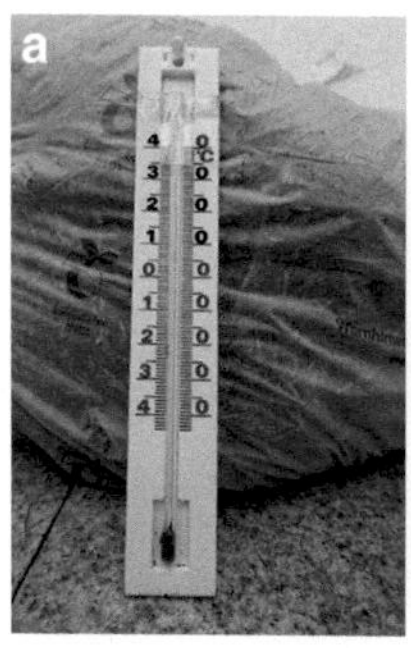

Abb. 2.14 **a** Die Außentemperatur beträgt 22 °C. **b** Nach 20–30 min erwärmt sich das Innere des Rasenschnitts im Beutel auf 35 °C

Pflanze aufspalten und verwertbar machen. Feuchtigkeit ist wichtig, weil Wasser bei der Zersetzung mithilft.

Damit frisch gemähtes Heu nicht verrottet, wird es mit einem Wendegerät über viele Tage gewendet, locker auf der Wiese verteilt und an der Luft getrocknet. Nur trockenes Heu hält sich gegen Zersetzung und kann später als Pferde- oder Viehfutter eingesetzt werden. Es sind sogar schon ganze Scheunen niedergebrannt, weil sich die darin befindlichen feuchten Grasberge so stark erhitzt haben, dass ihr Innerstes trocken wurde und in Flammen aufging.

Übrigens: Frisch gemähtes Gras riecht doch immer so schön. Der entsprechende Duftstoff nennt sich Cumarin und ist auch im Waldmeister enthalten.

2.4 Krasse Kresse

Falls Sie noch eine kreative Idee für Ihre Lieben brauchen – hier mein Angebot: Mit Kressesamen können Sie beliebige Wörter oder Figuren als grüne Pflänzchen wachsen lassen [25]. Das ist unkompliziert und geht für biologische Verhältnisse recht schnell. Ein Kresse-Herz können Sie ihrer Liebsten oder Ihrem Liebsten beispielsweise am Valentinstag mit den Worten überreichen: „Ich habe Dich zum Kressen gern!“ Dann Licht aus und UV-Lampe an – schon leuchtet das Kresse-Herz in schönstem Rot. Darüber hinaus ist Kresse sehr gesund, enthält viele Nährstoffe, wie Eisen, Calcium, Folsäure und Vitamin C. Mit ihrem scharf-würzigen Frischegeschmack verfeinert sie Suppen, Salate, Nudel- und Fischgerichte.

2.4.1 Experiment: Kresse-Herz – Ich habe Dich zum Kressen gern!

Sie brauchen

- Kressesamen
- Küchenrollenpapier
- Wassersprüher
- Teller

So klappt's

Man legt drei Lagen Küchenrollenpapier auf einen großen Teller und befeuchtet sie mithilfe eines Blumensprühers mit Wasser. Das saugfähige Papier sollte schön nass sein. Nun werden die Samenkörnchen als Buchstaben oder Symbole auf das nasse Saugpapier gestreut. Je exakter man die Samen anordnet, desto beeindruckender wird am Ende das Ergebnis. Ich habe beispielhaft zusammen mit meiner Tochter (12) ein Herz gesät. Dazu hat sie aus Pappe eine Herzform ausgeschnitten und mittig auf das nasse Küchenpapier gelegt. Um die Umrisse herum wurden dann die Kressesamen gestreut. Anschließend wird die Pappe mit einer Pinzette vorsichtig entfernt und fertig ist die Saat. Jetzt heißt es nur noch abwarten und das Papier immer schön feucht halten. Regelmäßiges Besprühen mit Wasser ist unbedingt erforderlich, damit die Keimlinge nicht austrocknen. Dünger ist nicht nötig, da die Pflanze ihre Nährstoffe im Keim selbst mitbringt. Bereits nach zwei Tagen keimen die Kressesamen, nach vier Tagen erscheinen die jungen Pflänzchen und ab Tag sechs können Sie Ihr Wuchsbild bestaunen. Abb. 2.15 zeigt das

Kresse-Herz meiner Tochter. Abschließend kann man die Kresse abschneiden und genießend verzehren.

Was steckt dahinter?

Kresse ist leicht zu kultivieren, sie ist ein anspruchsloses Kreuzblütengewächs, benötigt keinen Dünger, keimt und wächst sehr schnell. Der typische scharf-würzige Geschmack geht auf die Substanz Benzylisothiocyanat zurück, die auch im Meerrettich und in der Kapuzinerkresse enthalten ist. Benzylisothiocyanat besteht aus einem (aromatischen) Kohlenstoff-Sechsring und einer N=C=S-Gruppe, die über eine Kohlenstoffgruppe (CH_2) miteinander verknüpft sind. Es hat bakteriostatische, virostatische und antimykotische sowie anticancerogene Wirkung – sie helfen praktisch gegen alle möglichen Krankheitserreger. Ähnliche Isothiocyanate sind als Abwehr- und Scharfstoffe u. a. auch in Radieschen oder Senfsamen enthalten [26].

Abb. 2.15 Kressesamen auf angefeuchtetem Papiertuch **a** nach zwei Tagen, **b** nach sechs Tagen

2.5 Krasses Rätsel

Zum Schluss dieses Kapitels soll es eine Quizfrage geben. Schauen Sie sich Abb. 2.16 an!

Was ist das?

a) Glasfaserlampe
b) Leuchtende Wasserfontäne im Europa-Park
c) Avatar-Pflanze

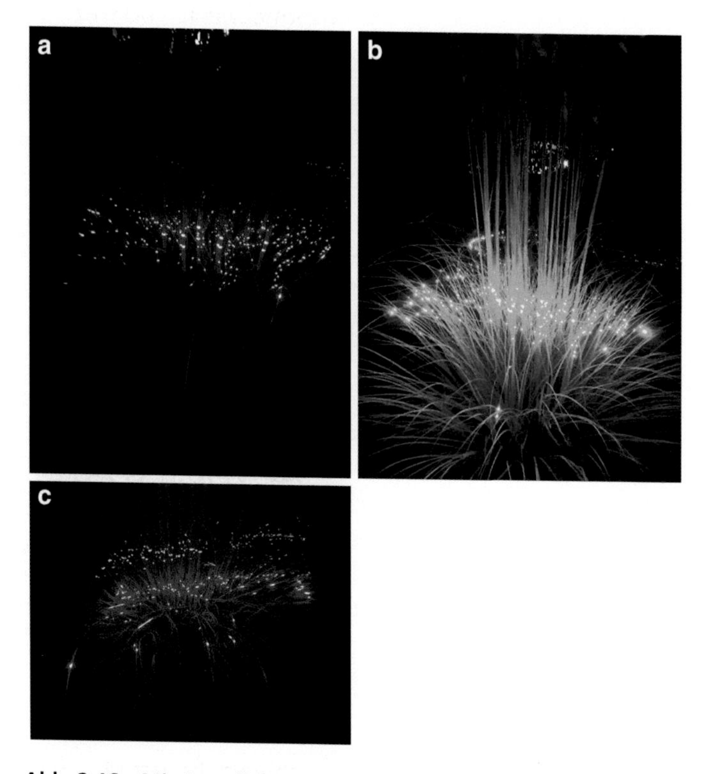

Abb. 2.16 Mit Laserlicht aus Laserpointern bestrahltes Pampasgras: **a** rotes Licht, **b** grünes Licht, **c** roter und grüner Laserstrahl

2.5.1 Experiment: Natürliche Glasfaserlampe

Sie brauchen

- grünen oder roten Laserpointer
- feinbüschelige Pflanze, z. B. Pampasgras, Gräser

So klappt's

Warten Sie die Dunkelheit ab und bestrahlen Sie dann mit einem Laserpointer die Gräser eines Pampasgrases oder irgendwelches Gestrüpp mit möglichst vielen Stängeln und Halmen. Halten Sie dabei den Laser waagerecht etwa in Hüfthöhe und „wedeln" den Pointer bzw. den Laserstrahl in schnellen Bewegungen im senkrechten Winkel zur Pflanze zwischen den Halmen hin und her, von rechts nach links und umgekehrt.

Was steckt dahinter?

Jeder Halm der Pflanze reflektiert das auftreffende Laserlicht und leuchtet daher kurzzeitig als grüner bzw. roter Punkt auf. Bei sehr schnellen Bewegungen des Laserstrahls sieht es so aus, als ob zahlreiche Halme gleichzeitig punktuell leuchten. Da jeder Halm eine bogenförmige Gestalt hat, wird der Laserstrahl gleich mehrfach von ein und demselben Halm reflektiert. Das „Gesamtkunstwerk" hat verblüffende Ähnlichkeiten mit Glasfaserlampen.

Literatur

1. a) https://www.bundeswaldinventur.de/dritte-bundeswaldinventur-2012/klimaschuetzer-wald-weiterhin-kohlenstoffsenke/ (Stand: 01.08.2023). b) https://www.

wald.de/waldwissen/wie-viel-kohlendioxid-co2-speichert-der-wald-bzw-ein-baum/ (Stand: 01.08.2023). c) https://www.sdw.de/ueber-den-wald/waldwissen/wald-in-zahlen/ (Stand: 01. 08.2023)
2. B. F. Milne, Y. Toker, A. Rubio and S. B. Nielsen, *Unraveling the Intrinsic Color of Chlorophyll,* Angew. Chem. Int. Ed. 54, **2015**, S. 2198–2201.
3. L. Urry, M. Cain, S. Wasserman, P. Minorsky und J. Reece, M., *Campbell Biologie*, 11., aktualisierte Aufl., Pearson Verlag Deutschland, München, **2019**, S. 258.
4. M. T. Madigan, J. M. Martinko, D. A. Stahl und D. P. Clark, *Brock Mikrobiologie kompakt,* 13., aktualisierte Aufl., Pearson Deutschland, München, **2015**, S. 110–111.
5. P. A. Tipler und G. Mosca, *Physik*, 8., korrigierte und erweiterte Aufl. (Hrsg.: P. Kersten und J. Wagner), Springer Spektrum Verlag, Berlin, **2019**, S. 654.
6. H. Bannwarth, B. P. Kremer und A. Schulz, *Basiswissen Physik, Chemie und Biochemie*, 4., aktualisierte Aufl., Springer Spektrum Verlag, Berlin, **2019**, 412–414.
7. G. Schwedt, Chemie für alle Jahreszeiten, 1. Aufl., Wiley-VCH Verlag, Weinheim, **2007**, S. 55–57 und 202–203.
8. J. M. Berg, J. L. Tymoczko, G. J. Gatto jr. und L. Stryer, *Stryer Biochemie,* 8. Aufl., Springer Spektrum Verlag, Heidelberg, **2018**, S. 680.
9. L. Urry, M. Cain, S. Wasserman, P. Minorsky und J. Reece, M., *Campbell Biologie*, 11., aktualisierte Aufl., Pearson Verlag Deutschland, München, **2019**, S. 253–269.
10. M. T. Madigan, J. M. Martinko, D. A. Stahl und D. P. Clark, *Brock Mikrobiologie kompakt,* 13., aktualisierte Aufl., Pearson Deutschland, München, **2015**, S. 106–118.
11. J. L. Slonczewski und J. W. Foster, *Mikrobiologie*, 2. Aufl., Springer Spektrum Verlag, Berlin Heidelberg, **2012**, S. 624–630.
12. A. Korn-Müller und A. Steffensmeier, *Das verrückte Experimentier-Labor*, 1. Aufl., Fischer-Sauerländer Verlag, Frankfurt, **2019**, S. 35.
13. A. Korn-Müller, *Warum Gras nicht rot leuchtet*, Nachr. Chem. 70, **2022**, S. 18–21.

14. H. R. Bolhar-Nordenkampf, S. P. Long and E. G. Lechner, Die Bestimmung der Photosynthesekapazität über die Chlorophyllfluoreszenz als Maß für die Stressbelastung von Bäumen, Phyton (Austria), 29, **1989**, S. 119–135.
15. G. H. Krause and E. Weis, *Chlorophyll fluorescence and photosynthesis: the basics*, Annu. Rev. Plant Physiol. Plant Mol. Biol., 42, **1991**, S. 313–349.
16. G. Schwedt, *Chemie für alle Jahreszeiten*, 1. Aufl., Wiley-VCH Verlag, Weinheim, **2007**, S. 48–49.
17. E. Breitmaier und G. Jung, *Organische Chemie*, 7., vollständig überarbeitete und erweiterte Aufl., Georg Thieme Verlag, Stuttgart, **2012**, S. 554–555.
18. D. Weiß und H. Brandl, *Fluoreszenzfarbstoffe in der Natur, Teil 1*, Chem. Unserer Zeit, 47, **2013**, S. 53.
19. https://www.helmholtz-klima.de/faq/was-ist-der-natuerliche-treibhauseffekt (Stand: 01.08.2023)
20. C.-D. Schönwiese, *Klimatologie*, 5., überarbeitete und aktualisierte Aufl., Eugen Ulmer, Stuttgart, **2020**, S. 346–355.
21. J. Marotzke, *Im Maschinenraum des neuen IPCC-Berichts*, Phys. Unserer Zeit, 53, **2022**, S. 274–280.
22. C.-D. Schönwiese, *Klimatologie*, 5., überarbeitete und aktualisierte Aufl., Eugen Ulmer, Stuttgart, **2020**, S. 362–367.
23. https://helmholtz-klima.de/aktuelles/welche-kipppunkte-erreichen-wir-bei-einhaltung-des-2-grad-ziels (Stand: 01.08.2023)
24. M. Keil und B. P. Kremer (Hrsg.), *Wenn Monster munter werden*, 1. Aufl., Wiley-VCH, Weinheim, **2004**, S. 145–150.
25. H. Pilcher, *Ab Nach Draußen*, 1. Aufl., Loewe Verlag, Bindlach, **2022**, S. 110–111.
26. E. Breitmaier und G. Jung, *Organische Chemie*, 7., vollständig überarbeitete und erweiterte Aufl., Georg Thieme Verlag, Stuttgart, **2012**, S. 433.

3

Im Wald, im Park, auf der Wanderung

Zusammenfassung Bevor es ans Experimentieren und Entdecken geht, wird in diesem Kapitel zuerst die Lage der Wälder in Deutschland beschrieben. Dem Wald geht's dreckig und ein Umdenken bzw. „Umforsten" ist dringend nötig. Vorschläge zur weltweiten Klimarettung bis 2050 liegen bereits vor: Entweder 500 Mrd. neue Bäume pflanzen oder 11 Mio. neue Windräder aufstellen. Erfahren Sie außerdem Neues aus der Forschung zum Thema Mikroplastik im Boden und in der Luft: Manche Bäume sind wie Staubsauger und Spinnennetze fungieren als Filter. Mithilfe von Baumflechten können Sie die Luftgüte ihrer Umgebung ermitteln. Flechten sind faszinierende Wesen, die man überall auf Wanderungen, Reisen und im Urlaub entdecken kann. Einige von ihnen leuchten orangerot im UV-Licht. Wie kann man die Höhe von Bäumen bestimmen? Ganz einfach: Mit einem Stock oder einem selbst hergestellten Mega-Geodreieck. Weitere Experimente sind das Geheimnis der Kiefernzapfen und der Sporenabdruck von Pilzen.

A. Korn-Müller, *Der Natur auf der Spur*,
https://doi.org/10.1007/978-3-662-67398-0_3

3.1 Dem Wald geht langsam die Puste aus

In Deutschlands Wäldern stehen schätzungsweise 90 Mrd. Bäume, die pro Jahr rund 52 Mio. t Kohlendioxid aus der Luft ziehen und somit entscheidend zum Klimaschutz beitragen [1]. Die häufigsten Baumarten sind Fichten (26 %), Kiefern (23 %), Buchen (16 %) und Eichen (10 %). Fichten sind vor allem im Süden und Südwesten von Deutschland in den Mittelgebirgen verbreitet, während Kiefern hauptsächlich im Nordosten der Republik zu finden sind [1, 2]. Mit Fichten-Monokulturen soll ja Schluss sein, da sie dem Klimawandel nichts entgegenzusetzen haben. Der Schlüssel zum Walderfolg heißt: Nadelbäume durch Mischwald ersetzen. Dies geschieht auch schon, der Fichtenbestand ist rückläufig, aber Bäume wachsen halt sehr langsam. Und es kostet eine Menge Geld. Ein neuer Mischwald verschlingt 10.000–20.000 € pro Hektar (100 × 100 m) [2].

Die Bedeutung unserer Wälder ist wohl jedem klar – dies lernen wir schon in der Schule im Biounterricht. Wälder sind super fürs Klima, bieten prima Erholung und liefern Baustoffe für Möbel und Rohstoffe für die Papierherstellung. Vor 20 Jahren starben unsere Wälder durch sauren Regen, heute heißen die Feinde Abholzung, Brandrodung, Hitze, Trockenheit und Borkenkäfer. Abgestorbene Bäume, wie sie es massenhaft beispielsweise im Harz oder in Südschweden gibt, kann man nicht mehr für die Möbelherstellung verwenden, sondern allenfalls zur Verbrennung und Energieerzeugung, was wiederum Kohlendioxid (CO_2) freisetzt. Wälder sollten CO_2 jedoch binden und es aus der Atmosphäre entfernen. Ein Laubbaum mit einer Höhe von rund 30 m und einem Kronendurchmesser von etwa 15 m hat mehr als 600.000 Blätter, über die er bei Sonnenschein pro Tag ca. 9200 L (18 kg)

Kohlendioxid aufnimmt und rund 9100 L (13 kg) Sauerstoff abgibt [3]. Außerdem saugt solch ein Baum jeden Tag etwa 400 L Wasser über seine Wurzeln auf und verdunstet ebenso viel über seine Blätter. Der Wasserdampf in der Luft, die Luftfeuchtigkeit, stammt also nicht nur von Flüssen, Seen und Ozeanen, sondern hier in Deutschland vor allem von den 90 Mrd. Bäumen. Wasserdampf und die dadurch entstehenden Wolken sind wichtige und günstige Klimaparameter.

Die Umgestaltung des Waldes geht weg vom Mono-Fichten- oder -Kiefern-Hain hin zum gesunden und widerstandsfähigen Mischwald aus mindestens drei verschiedenen Baumarten, wie beispielsweise Eiche, Birke, Bergahorn, Douglasie, Kiefer, Tanne und Fichte, die mit Trockenheit, Hitze und Borkenkäfern besser zurechtkommen [1, 2]. Die Bäume und Pflanzen eines Waldes sind übrigens keine isolierten „Einzelgänger“, sondern hängen alle mit allen zusammen, mit den Wurzeln, mit Pilzen, mit Mikroorganismen [4]. Ähnlich wie die Landschaft auf dem Planeten Pandora in dem Science-Fiction-Film „Avatar“.

2019 hat ein Forscherteam aus der Schweiz eine aufsehenerregende Studie bezüglich Waldfläche und Klimaneutralität veröffentlicht. Demnach wäre die gesamte Welt CO_2-neutral, wenn zusätzlich 9 Mio. km^2 der Erdfläche komplett mit 500 Mrd. Bäumen bewaldet würden [5, 6]. Dies entspricht in etwa der Landfläche der USA oder Kanadas oder der doppelten Fläche der EU inklusive Großbritannien. Allerdings ist eine flächendeckende Aufforstung in diesen Dimensionen problematisch, weil die Fläche geeignet sein muss und die Bäume Jahrzehnte lang wachsen müssen, um genügend CO_2 aus der Luft zu holen [6].

In einer anderen interessanten Studie von Forschenden der Unis von Sussex und Aarhus wurde 2019 berechnet, dass man mit 11 Mio. neuen Windrädern mit insgesamt

52 Terawatt Leistung den Energiebedarf der gesamten Welt im Jahr 2050 abdecken würde [7]. Die dafür benötigte Fläche liegt bei rund 5 Mio. km^2, ein Gebiet so groß wie die EU inklusive Großbritannien plus die Nordsee. Geforderte Mindestabstände eingerechnet, käme man an Land auf zwei und offshore auf drei Windräder pro km^2. Das wäre doch mal eine echte Klimastrategie!

Hintergrund

Bäume – die Bodenstaubsauger der Welt
Mikroplastik verschmutzt nicht nur die gesamten Ozeane, sondern befindet sich in noch größerer Menge in unseren Böden. Die Größe von Mikropartikeln liegt zwischen 1 µm (1 tausendstel Millimeter) und 5 mm. Alle Partikel, die noch kleiner sind, werden als Nanoplastik bezeichnet (15–1000 nm = 0,015–1 µm). Neueste Forschungen ergeben, dass Hängebirken in der Lage sind, neben Schwermetallen und anderen Industrieschadstoffen auch Mikroplastik aus dem Boden aufzunehmen, zu speichern und über eigene Bakterien sogar abzubauen [8]. Der Baum als Staubsauger für kontaminierte Böden. Genial! Zudem saugen Fichten, Traubeneichen und Birken Nanoplastik über ihre Wurzeln und die Wasserleitungsbahnen im Stamm, in Ästen und Blättern auf. Allerdings hat die Reinigungsaktion dieser Bäume leider auch eine Kehrseite. Knospen, Blätter und Rinde dienen Tieren als Nahrung und diese verschleppen und verteilen somit die Nanoplastikteilchen.

3.2 Spiderman fängt die Verbrecher – Spinnen fangen Mikroplastik – hä? Echt jetzt?

Forschende der Universität Oldenburg fanden 2022 heraus, dass Spinnennetze unfreiwillig Mikroplastik aus der Luft einfangen. Untersucht wurden Spinnennetze an und in den beleuchteten Wartehäuschen an Bushaltestellen [9]. Da tummeln sich bekanntlich reichlich Spinnen. An wenig befahrenen Straßen wiesen die Wissenschaftler*innen neben sechs anderen Kunststoffsorten hauptsächlich PET (Polyethylenterephthalat, 36 %) nach, das vermutlich von Textilfasern stammt. An stark befahrenen Straßen „zappelten" vor allem zwei Kandidaten im Netz. Reifenabrieb (41 %) und PVC (Polyvinylchlorid, 12 %), das vermutlich von den Straßenmarkierungen herrührt. Mit dieser Erkenntnis können zukünftig Mikroplastik-Quellen lokalisiert und sogar zeitliche Verläufe abgebildet werden.

Durch Beschleunigen, Bremsen und Kurvenfahrten von Kraftfahrzeugen entstehen in Europa jedes Jahr mehr als eine 1 Mio. t Mikroplastik in Form von Reifenabrieb. Das entspricht etwa der Hälfte der gesamten Mikroplastikemissionen im Straßenverkehr, rund 2000-mal mehr als die Mikropartikel aus dem Auspuff [10]. Ein im Jahr 2020 gegründetes britisches Unternehmen hat einen Partikelsammelbehälter erfunden, der hinter jedes Rad am Kotflügel montiert wird [10]. In jedem Behälter befinden sich elektrostatisch geladene Kupferplatten, die die Gummipartikel auffangen. Rund 60 % des Reifenabriebs werden mit dieser Vorrichtung aus der Luft gefiltert. Tolle Erfindung! Das Beste: Die gesammelten Gummipartikel können upgecycelt und zur Herstellung von Schuhsohlen, Farbstoffen oder neuen Reifen eingesetzt werden. Hoffentlich kommen diese Mikroplastik-Sammler als Serie bald auf den Markt.

3.3 Überlebenskünstler seit Jahrmillionen: Die Flechten

Flechten findet man nicht nur an Bäumen in Wäldern und Parks, sondern auch im Gebirge, auf Steinen, an den Küsten und sogar in Städten. Flechten sind zwei Lebewesen in einem, bestehend aus einem Pilz (= Mykobiont), in dem sich Grünalgen (= Photobiont) häuslich niedergelassen haben (manchmal auch Cyanobakterien) [11, 12]. Sie betreiben eine Symbiose: Die Grünalge ist aufgrund ihres Chlorophyll-Farbstoffs in der Lage, das Sonnenlicht in chemische Energie, sprich: Nährstoffe in Form von Kohlenhydraten umzuwandeln, die dem Pilz zugutekommen. Im Gegenzug schützt der Pilz seine Algen, die im oberen Pilzgeflecht eingebettet sind, vor zu starker UV-Strahlung und vor Austrocknung. Zudem liefert er der Alge Mineralstoffe und Wasser. Eine Win-win-Situation. Da Flechten keine Wurzeln besitzen, nehmen sie Nährstoffe, Stickstoff und Feuchtigkeit direkt über die Luft auf und reinigen sie dadurch. Flechten sind keine Parasiten, keine Schmarotzer, sondern einfach nur Bewohner einer bestimmten Oberfläche, Substrat genannt. Rentieren in Skandinavien dienen sie als Nahrungsquelle, ebenso Schnecken und Rehen. Mikroskopisch kleine Milben und Bärtierchen fühlen sich in Flechten pudelwohl. Der Pilz ist groß und gibt die Form vor, die Alge ist klein und passt sich an.

Man unterscheidet drei Arten von Flechten: Laub-/Blattflechten, Strauchflechten und Krustenflechten [11, 12]. Sie kommen auf der ganzen Welt vor und schrecken auch nicht vor Extremen zurück. Flechten wachsen an den eisigen Polen, in heißen Wüsten, in den Tropen, im Hochgebirge, überall. Man findet sie vor allem an einzeln stehenden Bäumen auf Rinde und Ästen, am feuchten Boden, auf Felsen und Steinen, aber auch an Gartenzäunen und auf Gehwegen. Ganz sicher haben Sie schon mal Krustenflechten auf ihrem Bürgersteig Zuhause gesehen, die so aussehen wie platt getretene, alte Kaugummis. Flechten findet man häufig an Bäumen mit ausreichender Nährstoffzufuhr, beispielsweise in der Nähe von Äckern und Feldern, aber auch sehr oft an Straßenbäumen, wo Hunde ihr kleines und großes „Geschäft“ verrichten. Guter Dünger für den Baum, gute

Bedingungen für die Flechte. In Abb. 3.1. sehen Sie einige Flechtenarten, die ich bei diversen Wanderungen im Urlaub und auf Reisen entdeckt habe. Insbesondere der südliche Schwarzwald ist sehr reichhaltig an Flechten.

Flechten sind wahre Überlebenskünstler und halten Temperaturen zwischen –200 °C und +80 °C stand. Sie wachsen mit etwas weniger als 1 mm pro Jahr extrem langsam, können aber bis zu 3000 Jahre alt werden. Eine etwa Handteller große Flechte ist auf rund 100 Jahre zu schätzen. Weltweit sind rund 25.000 Flechtenarten bekannt, in Deutschland wird die Zahl auf etwa 1700 beziffert [11, 12]. Dabei weist Österreich mit seinen alpinen Landschaften die höchste Flechtendiversität auf. Flechten können in unterschiedlichen Formen und Farben auftreten und besiedeln unsere Erde bereits seit mehr als 420 Mio. Jahren, wie Versteinerungen belegen.

Hintergrund

Flechten
Im Alten Ägypten wurden Mumien gefunden, deren Körper u. a. mit Strauch- und Bartflechten „ausgestopft" waren. Insbesondere mit der Elchgeweihflechte *(Pseudevernia furfuracea),* auch Baummoos genannt, wobei der Name „Moos" irreführend und falsch ist. Diese Flechte verströmt einen pilzartigen Duft. Strauchflechten wie das Eichenmoos *(Evernia prunastri)* wurden aufgrund ihrer herben Duftstoffe früher zur Parfumherstellung verwendet. Isländisches Moos/Islandmoos *(Cetraria islandica)* ist ebenfalls kein Moos, sondern eine Strauchflechte, die in der Medizin als schleimlösendes Mittel in Form von Hustentees und Lutschtabletten eingesetzt wurde und wird. Fuchs- oder Wolfstöter *(Vulpicida pinastri)* ist eine der wenigen giftigen Flechten, die in Skandinavien in Ködern versteckt ausgelegt wurde, um Füchse zu erlegen.

Einige Flechten, wie die Zierliche Gelbflechte *(Xanthoria elegans),* haben es als Forschungsobjekt schon bis ins Weltall in die ISS geschafft und dort ein Jahr lang überlebt [13].

Auf den Internetseiten des NABU (Naturschutzbund Deutschland) [14] als auch der BLAM (Bryologisch-Lichenologischen Arbeitsgemeinschaft für Mitteleuropa e. V.) [15] finden Sie zahlreiche Informationen über Flechten. Bryologie = Mooskunde, Lichenologie = Flechtenkunde.

Abb. 3.1 Flechten, entdeckt auf Wanderungen und Reisen. **a** Strauchflechte: Eichenmoos/Pflaumenflechte *(Evernia prunastri)* an einem Eichenast, Sächsische Schweiz/Elbsandsteingebirge, Größe: 3 cm. **b** Strauchflechte: Trompeten-Becherflechte *(Cladonia fimbriata)* auf morschem Holz, südlicher Schwarzwald, Größe der Becher: ca. 1,5 cm. **c** Blattflechte/Gallertflechte mit Cyanobakterien (Blaualgen): Flachfrüchtige Schildflechte *(Peltigera horizontalis)* an einem bemoosten Granitfelsen, südlicher Schwarzwald, Größe: 26 cm. **d** Blattflechte: Gewöhnliche Gelbflechte *(Xanthoria parietina)* und Zarte Schwielenflechte *(Physcia tenella)* auf einem Stein, Ostsee, Größe Stein: ca. 1 m. **e** Krustenflechte: Weiße Blatternflechte *(Phlyctis argena)* auf Bergahorn, südlicher Schwarzwald, Größe: ca. 3 cm (der kreisrunde weißliche Fleck). **f** Blattflechte: Furchen-Schüsselflechte (*Parmelia sulcata*) auf Linde, südlicher Schwarzwald, Gesamtgröße: 12 cm. **g** Blattflechte: Zarte Schwielenflechte (*Physcia tenella*) auf einem alten Gartentor, Berlin-Lichterfelde. **h** Krustenflechte: Mauerflechte *(Lecanora muralis)* auf Gehweg, Größe: 1–4 cm. **i** Blattflechte: Zarte Schwielenflechte *(Physcia tenella)* auf Stamm einer Sommerlinde, Großer Garten, Dresden, Größe der Fläche: ca. 1 m. **j** Krustenflechte: Fels-Schwefelflechte *(Chrysothrix chlorina)* auf Sandsteinfelsen, Kirnitzschtal, Sächsische Schweiz/Elbsandsteingebirge. **k** Blattflechte: Gewöhnliche Gelbflechte (*Xanthoria parietina*) auf Lindenstamm, Länge: 9 cm, und kreisrunde Krustenflechten: Olivgrüne Schwarznapfflechte (*Lecidella elaeochroma*), Durchmesser: 1 cm, Kurpark Bad Schandau/Sächsische Schweiz. **l, m** Krustenflechte: Orange Meeresflechte *(Caloplaca marina),* auf Küstenfelsen am Meeresfjord Firth of Forth in Edinburgh/Schottland ▶

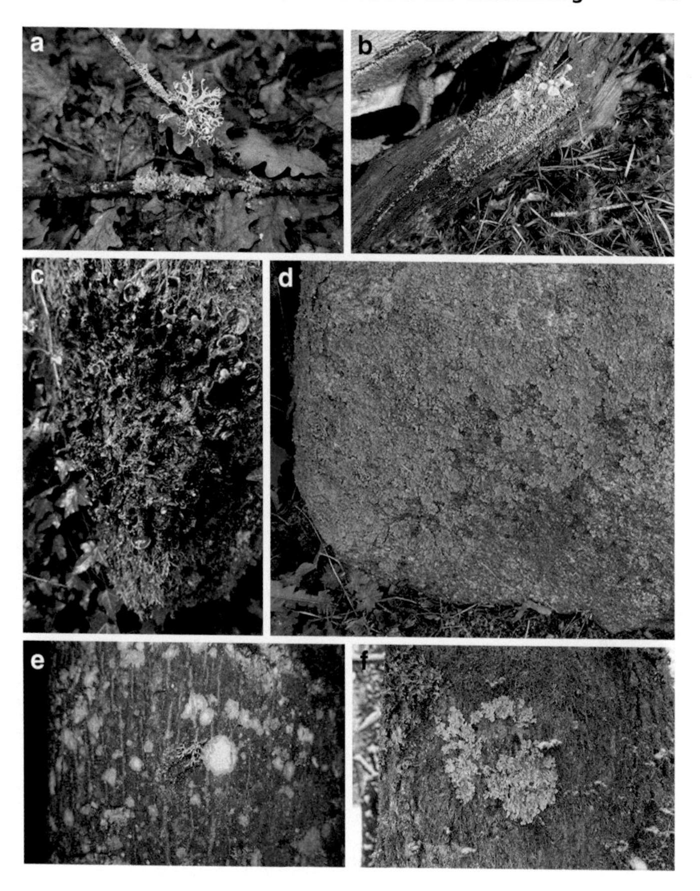
a
b
c
d
e
f

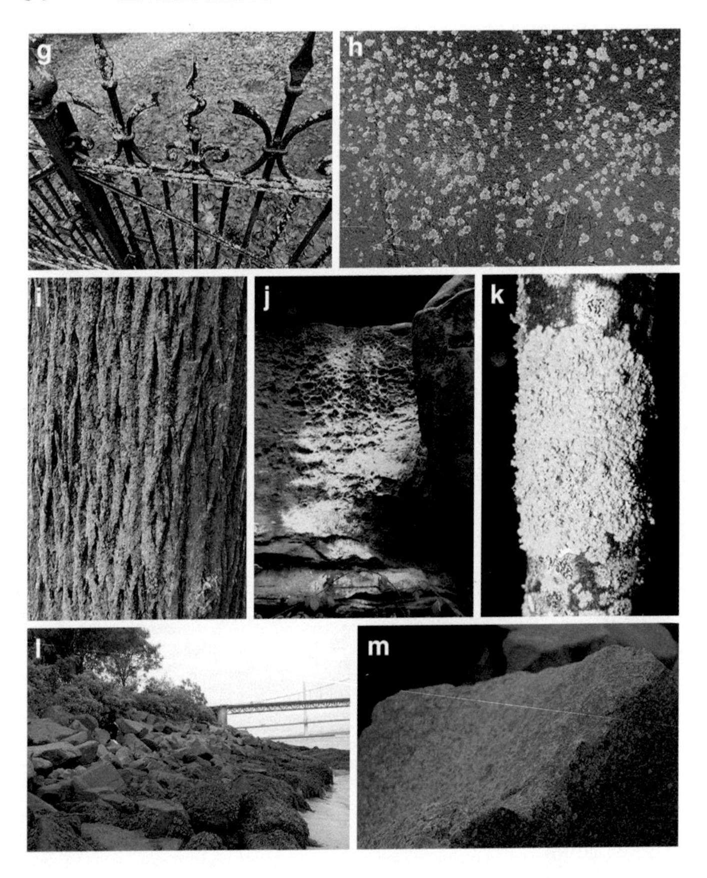

Abb. 3.1 (Fortsetzung)

3.3.1 Frühwarnsystem Flechte: Der Bioindikator für saubere Luft

Flechten sind sehr empfindliche Biosysteme, die insbesondere auf Schadstoffe in der Luft reagieren. Schwefeldioxid (SO_2) ist solch ein Schadgas, das hauptsächlich bei der Verbrennung fossiler Brennstoffe wie Erdöl, Erdgas und Kohle und von Verbrennungsmotoren freigesetzt und als chemischer Smog bezeichnet wird. Schwefeldioxid reagiert mit Wasser zu Schwefliger Säure und schließlich mit Ozon in der Troposphäre zu Schwefelsäure und wird als „saurer Regen“ auf die Erde gespült. Die Versauerung der Böden und Gewässer auf etwa pH 4–4,5 hat dramatische Folgen: Rückgang von Seeplankton, Schädigung der Amphibien- und Fischpopulationen, Auswaschen wichtiger Metalle aus dem Boden, Freisetzung von giftigen Schwermetallen aus den Böden sowie das Waldsterben [16].

Erst durch den massiven Einsatz von Rauchgasfilteranlagen zur Rauchgasentschwefelung in Kraftwerken konnte der Ausstoß deutlich reduziert werden, wie Abb. 3.2 zeigt. Dabei wird das giftige Schwefeldioxid

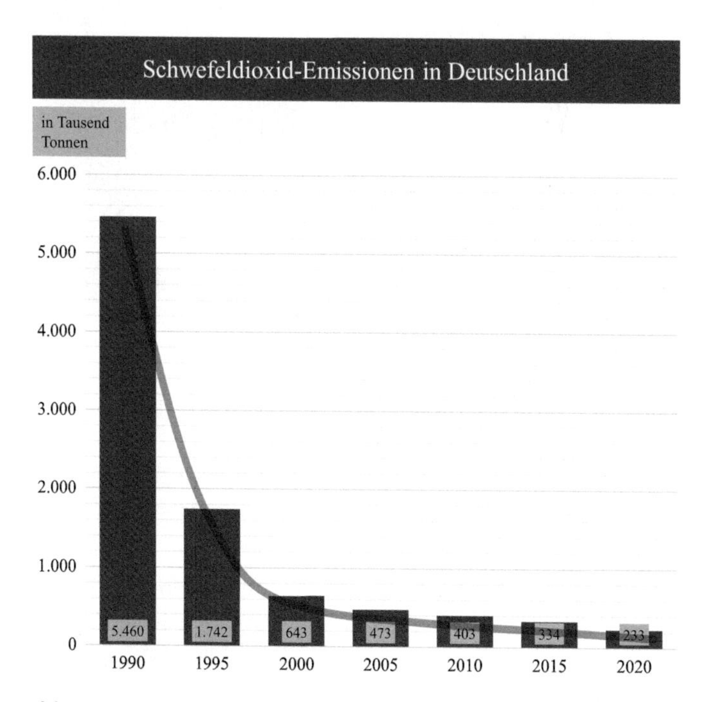

Abb. 3.2 Menge an Schwefeldioxid-Ausstoß in Deutschland in den Jahren 1990 bis 2020 (Daten: Umweltbundesamt [17]). Grafik: Melvin Müller

mit Kalk zu Gips (Calciumsulfat) umgewandelt, das in der Bauindustrie Verwendung findet. Folglich ging die Schwefeldioxid-Emission seit Jahrzehnten zurück, von 5,5 Mio. t im Jahr 1990 auf 233.000 t im Jahr 2020. Das ist 24-mal weniger als 1990 [17]. Auch die Abgaskatalysatoren in Autos mit Verbrennungsmotoren haben zu mehr sauberer Luft beigetragen. Schädliche Stickoxide NO_x, vor allem das Stickstoffdioxid (NO_2), das mit Wasser zu Salpetersäure reagiert, werden an der Oberfläche von Edelmetallen wie Platin, Rhodium oder Palladium zu unschädlichem Stickstoff reduziert. Gut für die Flechten, gut für den Wald, gut fürs Klima und gut für uns.

3.3.2 Experiment: Luftgüte bestimmen mit Flechtenauszählung

Da schon geringste Mengen an Schwefeldioxid und anderen Schadgasen das Wachstum von Flechten stören, dienen sie als ideales Frühwarnsystem. Man kann sagen: Je sauberer die Luft, desto mehr Flechten gedeihen. In Städten ist heutzutage die Belastung der Luft durch Schwefeldioxid und Stickoxiden deutlich zurückgegangen. Daher findet man selbst in Großstädten vermehrt Flechten an den Bäumen, an Mauern und Gehwegen.

Tatsächlich werden Flechten zur Gütebestimmung der Luft herangezogen und entsprechend gezählt [18]. Man spricht von der sogenannten „Flechtenkartierung zur Ermittlung der Luftverunreinigung“. Es gibt wie immer in Deutschland dazu auch eine Richtlinie, die

VDI-Richtlinie (Verband Deutscher Ingenieure) VDI 3957 Blatt 20 von 2017 [19]: „Biologische Messverfahren zur Ermittlung und Beurteilung der Wirkung von Luftverunreinigungen (Biomonitoring) – Kartierung von Flechten zur Ermittlung der Wirkung von lokalen Klimaveränderungen". Einfluss auf die Flechten haben u. a. auch Niederschlag, geologische Bodenverhältnisse und geografische Lage.

Ihr Flechtenzählgerät

Bevor Sie die Luftqualität in Ihrer Umgebung selbst bestimmen können, müssen Sie sich zuerst ein Raster (50 × 20 cm) basteln, mit dessen Hilfe Sie die Flechten zählen können [18]. Das Zählgerät besteht aus drei 50 cm langen Bambusstäben, die ein Raster aus insgesamt zehn Feldern aufspannen, die ihrerseits jeweils 10 × 10 cm groß sind.

Sie brauchen

- 3 mitteldicke Bambusstäbe (Baumarkt)
- Kordel/Paketschnur
- Säge
- Bohrmaschine
- etwas Geschick
- ggfs. eine helfende Hand

So klappt's

Zuerst kürzt man die Bambusstäbe auf etwa 60 cm, also gut 10 cm länger als das eigentliche Flechtenraster. Das hat zwei Gründe: Erstens, müssen Sie dann nicht an den beiden äußersten Enden Löcher bohren – das klappt nicht. Zweitens, Sie haben genügend Platz, um die sechs Löcher mit jeweils 10 cm Abstand auf den Bambusstäben zu setzen und zu bohren und haben beim fertigen Raster noch Länge übrig, um die Stöcke bequem mit der Hand

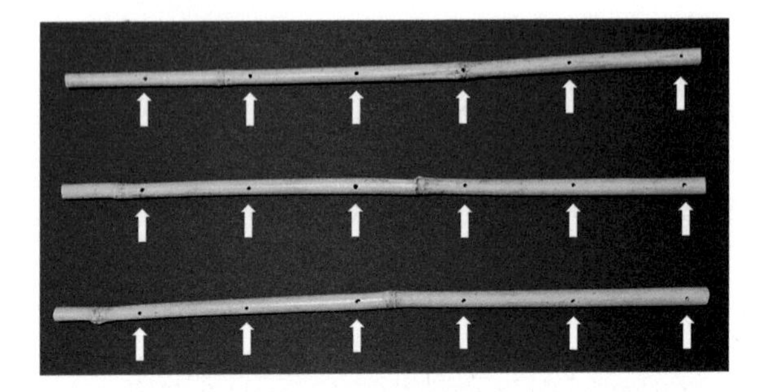

Abb. 3.3 Drei Bambusstäbe mit jeweils sechs Bohrlöchern auf gleicher Höhe, markiert durch weiße Pfeile. Der Abstand der Löcher auf jedem Bambusstab beträgt 10 cm. Der Abstand der drei Bambusstäbe zueinander beträgt ebenfalls jeweils 10 cm. Der oberste Stab sieht am rechten Ende etwas schief aus. Ich habe die Stäbe so hingelegt, dass man die Löcher erkennen kann. Beim Drehen der Stäbe um 90 ° stehen sich die Löcher genau gegenüber und spannen ein Feld von genau 10 cm Abstand auf (s. Abb. 3.4)

zu greifen. In alle drei 60 cm langen Bambusstäbe werden auf gleicher Höhe in jeweils 10 cm Abstand sechs Löcher gebohrt (Abb. 3.3).

Fädeln Sie nun ein etwa 30–40 cm langes Stück Kordel durch die Löcher einer Ebene und verknoten Sie die Schnur *vor und hinter* jedem Loch. Ansonsten verrutschen die Bambusstäbe. Achten Sie darauf, dass die Abstände eines jeden Feldes 10 × 10 cm betragen. Es ist ein etwas mühsames Gefummel, aber mit ein bisschen Geduld und einer helfenden Hand bekommt man es hin. Wenn Sie die Schnüre durch alle 6 Löcher gefädelt und verknotet haben, sollte Ihr fertiges Flechtenmessgerät in etwa wie in Abb. 3.4 aussehen.

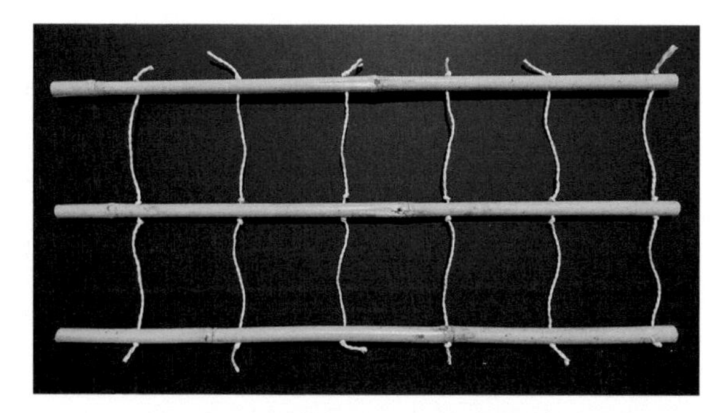

Abb. 3.4 Fertiges Flechtenraster. Straff gezogen ergeben sich 10 Felder mit jeweils 10 × 10 cm Fläche (nach [18]). Jetzt können Sie loslegen!

3.3.3 Experiment: Wie gut ist die Luft in ihrem nächstgelegenen Wald, Park oder Wohnviertel?

Sie brauchen

- Ihr Flechtenraster
- 1–2 Spanngummis mit Haken oder zwei helfende Hände

So klappt's

Um einigermaßen aussagekräftige Werte zu bekommen, sollte man folgende Regeln beachten:

- Wählen Sie mittelgroße Bäume aus, die nicht zu jung (zu schmal) und nicht zu alt (zu breit) sind.
- Offiziell werden 3–15 Bäume in einem Gebiet von 250x250 m bis 4x4 km ausgezählt. Für uns Hobbyluftbestimmer genügen zwei bis fünf Bäume etwa alle 100–300 m.

- Zählen Sie nur Flechten an Bäumen aus der gleichen Baumgruppe, die aufgrund der Borkenbeschaffenheit in drei Gruppen festgelegt ist:
  - Gruppe 1: Stiel-Eiche, Vogelkirsche, Hänge-Birke und Schwarz-Erle
  - Gruppe 2: Bergahorn, Birnbaum, Robinie, Winterlinde, Sommerlinde, Trauben-Eiche
  - Gruppe 3: Spitzahorn, Gemeine Esche, Walnussbaum, Apfelbaum, Pappel, Feld-Ulme

Ab in den Wald oder in den Park zum gesunden Spaziergang! Ihr Flechtenraster sowie ein Spanngummi nehmen Sie eingerollt bequem im Rucksack mit. Wählen Sie am besten entweder nur Linden (Gruppe 2) oder nur Stiel-Eichen (Gruppe 1) aus; beide Baumarten kann man gut erkennen und sie sind weitverbreitet. Ahorn und Kastanien eignen sich auch recht gut. Meiner Erfahrung nach wachsen Flechten besonders gern auf Linden und Bergahorn. Gehen Sie wie folgt vor: Den Baum aussuchen, das Raster entrollen und in mind. 1 m Abstand vom Boden am Baumstamm per Spanngummi oder durch Halten eines Begleiters (Kindes, Freundes …) fixieren. Das Raster wird an der am stärksten mit Flechten bewachsenen Stelle des Baumes positioniert. Bitte darauf achten, dass die Flechten durch das Flechtenraster nicht beschädigt oder zerstört werden. Wenn sich Flechten innerhalb der Felder befinden, zählen Sie folgendermaßen:

Die maximale Anzahl an Flechten pro 10-mal-10-cm-Feld ist auf 10 festgelegt. Füllen die Flechten auf einem Baum das gesamte Quadrat aus, dann wird es als 10 gewertet. Es sind also maximal $10 \times 10 = 100$ Zähler möglich. Flechten wachsen oft nicht als einzelne „Inseln", sondern sind miteinander als Geflecht verbunden, sodass eine einzelne Zählung manchmal schwierig oder gar nicht möglich ist. Schätzen Sie dann einfach die Anzahl an Flechten. Als „Muster" dienen die vier Bäume in Abb. 3.5,

Abb. 3.5 **a** Bergahorn mit hoher Flechtendichte, **b** Bergahorn mit mittlerer Flechtendichte, **c** Sommerlinde mit Flechtenteppich, **d** Sommerlinde ohne Flechten. Die zehn Felder des Rasters sind jeweils oben links nummeriert und die Anzahl der Flechten rechts unten weiß umrandet aufgeführt. Die Aufnahmen stammen aus Winter und Frühjahr

die ich im Frühjahr bzw. Winter fotografiert habe, um zu zeigen, dass die Jahreszeit bei der Flechtenzählung keine große Rolle spielt.

Genau genommen müsste man die Anzahl der Flechten*arten* unterscheiden und zählen – das ist für Laien und Hobby-Flechten-Sucher aber viel zu schwierig. Mit dieser vereinfachten Methode erhält man zwar keine repräsentativen Ergebnisse im strengen wissenschaftlichen Sinn, aber immerhin einen ungefähren Anhaltspunkt, wie es um die Luft bestellt ist.

Die Auswertung

Legen Sie das Raster über die Flechten eines Baumes und zählen Sie die einzelnen Flechten in jedem der zehn Quadrate. Nur größere Flechten ab ca. 1 cm Durchmesser werden berücksichtigt, die kleinen lassen Sie weg [18]. In den hier aufgeführten vier Beispielen würden sich ungefähr folgende Flechtenzahlen ergeben:

Anzahl der Flechten am Baum in Abb. 3.5a: 10, 7, 10, 8, 8, 7, 7, 6, 5, 6. Die Summe ergibt den Wert 74 beim ersten Baum. Nun gehen Sie zu den nächsten Bäumen und ermitteln für jeden Baum den Flechten-Wert. Der Baum in Abb. 3.5b hat nach meiner Zählung 44 Flechten auf seiner Rinde. Auf Baum in Abb. 3.5c sieht man einen ganzen Flechtenteppich, der eine Einzelzählung praktisch unmöglich macht. Hier habe ich jeweils die prozentuale Ausbreitung abgeschätzt, die Summe durch zehn dividiert und komme auf einen Wert von 71. Der vierte Baum in Abb. 3.5d weist überhaupt keine Flechten auf.

Man erhält zum Schluss also vier Zahlenwerte (je nachdem, wie viele Bäume Sie begutachtet haben) und bildet daraus den Mittelwert: Alle Zahlen addieren und durch die Anzahl der Bäume teilen. In unserem Beispiel: 74 + 44 + 71 + 0 = 189, dividiert durch 4 entspricht einem Mittelwert = 47,3. Sie erhalten damit die mittlere Flechtenanzahl, die dem Luftgütewert für die ausgewählte Waldfläche, der sogenannten „Flechtenstation", entspricht. In Tab. 3.1 können Sie dann die korrespondierende Luftbelastung der von Ihnen untersuchten Flechtenstation ablesen. 47,3 bewegt sich knapp unter der 50 und entspricht einer geringen Luftbelastung und somit einer top Luftqualität.

Sie können auch die Luftqualität in Ihrer Straße bestimmen. Durch die über die Jahre zunehmend saubere Luft gedeihen Flechten an vielen Straßenbäumen, Alleen, Gärten usw. Krustenflechten auf Gehwegen, Bürgersteigen oder Mauern eignen sich ebenfalls zum Auszählen, so wie in Abb. 3.6 dargestellt. Schauen Sie nach Flechten und ermitteln Sie die Luftgüte!

Übrigens: Flechten wachsen an vereinzelt stehenden Bäumen in Parks oder am Straßenrand meistens auf der Nord- oder Nordostseite des Baumstammes, um so den direkten Sonnenstrahlen zu entgehen. Damit vermeiden die empfindlichen Flechten ihre Austrocknung. Für die Algen in den Flechten bleibt trotzdem genügend Licht für deren Photosynthese. Aufgrund ihrer bevorzugten Nord-

Tab. 3.1 Auswertung der Flechtenzählung und ermittelte Luftbelastung bzw. -qualität. (Nach Lit. [18])

Ermittelter Luftgütewert	Luftbelastung	Luftqualität
>50	sehr gering	**spitze! Kräftig einatmen!**
37,5 - 50	gering	**prima!**
25 - 37,4	mäßig	**ok, so la la**
12 - 24,9	hoch	**Fenster schließen**
0 - 12,4	sehr hoch	**ächz, würg**

Abb. 3.6 Flechtenraster auf Krustenflechten (Mauerflechte, *Lecanora muralis*) auf einer Bordsteinkante eines Gehweges

ausrichtung eignen sich Flechten als prima Kompass – ein natürliches Navi.

3.4 Ampel auf dem Ast – rotes Leuchten der Gelbflechten

Mit etwas Suchen findet man im Unterholz abgebrochene, verwilderte Äste, die mit allerlei Grünzeug bewachsen sind. Moos und Flechten haben sich breitgemacht. Abb. 3.7 zeigt solch einen Ast, den ich in einem Waldpark entdeckt habe.

Das Moos ist leicht an Form und Farbe zu erkennen (dunkelgrün). Bei der weißgrünen Blattflechte handelt es sich um die Zarte Schwielenflechte *(Physcia tenella)* [20]. Wenn Sie Glück haben, befindet sich auch die weitverbreitete Gewöhnliche Gelbflechte *(Xanthoria parietina)* auf dem Ast. Sie gedeiht auf nährstoffreichen Rinden, oft an

Abb. 3.7 Ein mit Moos (dunkelgrün) und Blattflechten (weißgrün und gelbgrün) bewachsener Ast auf dem Boden eines Waldparks

Straßenbäumen, aber auch auf Steinen [21]. Schon haben Sie eine wahre Ampel entdeckt: Grün ist da, Gelb ist vorhanden, und wo bleibt das Rot? Dazu benötigen Sie lediglich eine UV-Taschenlampe.

3.4.1 Experiment: Rot Gelb Grün auf Ästen

Sie brauchen

- UV-Taschenlampe (optimal mit Wellenlänge 365 nm)
- Ast oder Baumstamm mit Gelbflechten

So klappt's

Um einen geeigneten Ast mit Gelbflechten zu finden, empfehle ich, dass Sie tagsüber den Wald, den Park, das Gebüsch, das Unterholz schon mal nach Ästen oder Baumstämmen mit Gelbflechten absuchen. Recht schnell wird man fündig. Entweder nehmen Sie den Ast mit nach Hause oder merken Sie sich die Stelle, wo er liegt.

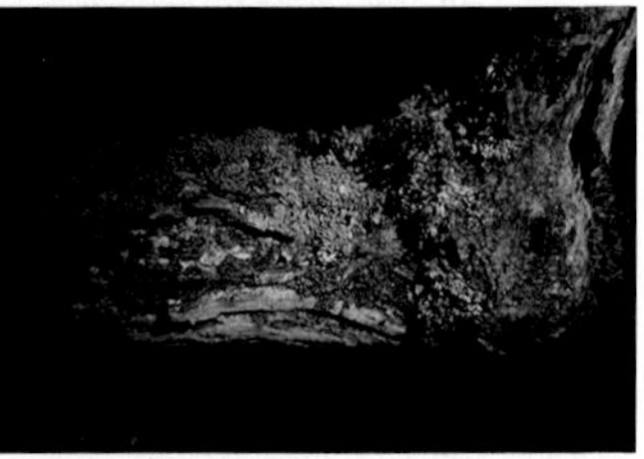

Abb. 3.8 **a** Ast mit Gelbflechten *(Xanthoria parietina),* Blattflechten *(Physcia tenella)* und Moos bei Tageslicht bzw. weißem Taschenlampenlicht. **b** Der gleiche Ast bestrahlt mit UV-Licht (365 nm). Die Gelbflechten fluoreszieren mit orangerötlicher Farbe. Durchmesser der größten Gelbflechte auf dem Ast: ca. 2 cm

Gehen Sie dann bei Abenddämmerung oder Dunkelheit zurück in den Wald oder Park zu diesem Ast mit den Gelbflechten. Beim Bestrahlen dieser Flechte mit UV-Licht leuchtet sie in orangerötlicher Farbe spektakulär auf (Abb. 3.8). Bei absoluter Dunkelheit ohne Streulicht ist diese sogenannte Fluoreszenz am besten zu sehen.

Was steckt dahinter?

Bei diesem orangeroten Aufleuchten handelt es sich um eine Fluoreszenzerscheinung. Der Flechtenpilz enthält den gelben Farbstoff Parietin (sprich: Pa-ri-e-tin). Dieser verleiht der Gewöhnlichen Gelbflechte *(Xanthoria parietina)* ihr Aussehen und ihren Namen [22]. Parietin hat es in sich. Bei Bestrahlung mit UV-Licht fluoresziert es in einem wunderschönen Orangerot mit einem Emissionsmaximum bei 610 nm. Die Gelbflechte betreibt also eine Art „Rotlichtmilieu".

Wie bereits in Abschn. 3.3 erwähnt, enthalten Flechten in ihrer oberen Schicht Grünalgen, die natürlicherweise Chlorophyll enthalten. Bei UV-Bestrahlung kommt es zusätzlich zur roten Fluoreszenz, allerdings ist diese so

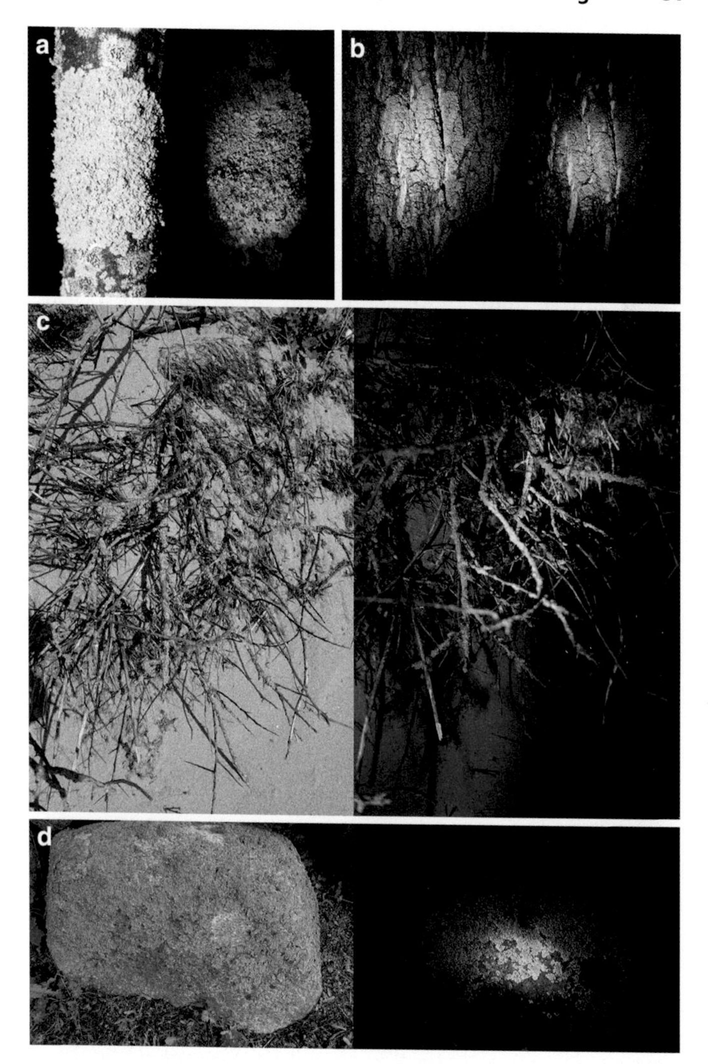

Abb. 3.9 Gewöhnliche Gelbflechten an Bäumen, Sträuchern und Steinen im In- und Ausland. Jeweils links: weißes Licht (Tageslicht, LED-Lampe), rechts: UV-Licht (365 nm). **a** Linde im Kurpark in Bad Schandau, Sächsische Schweiz, Länge Gelbflechte: 9 cm; **b** Schwarzpappel am Straßenrand (Belgien), Größe Gelbflechte: ca. 20 cm; **c** Dornenbusch in den Dünen der belgischen Nordsee, Größe des Busches: ca. 1 × 1 m; **d** Stein in Strandnähe an der Ostsee (Fischland-Darß), Breite des Steins: ca. 1,40 m

schwach, dass sie von der Fluoreszenz des Parietins schlicht und ergreifend überstrahlt wird. Das Moos und die andere Flechtenart in Abb. 3.8 fluoreszieren nicht (sichtbar) und leuchten daher auch nicht im Dunkeln. Vermutlich ist die Anregungsenergie nicht stark genug (Lichtquelle zu weit entfernt) oder die Pflanzenoberfläche lässt kein UV-Licht durch.

Aufgrund der heutzutage guten Luft in den Städten und Parks findet man Gelbflechten oft auch an Straßen- und Parkbäumen, sogar an Steinen. Schauen Sie mal genauer nach und nehmen Sie abends bei Dunkelheit immer Ihre UV-Taschenlampe mit. Überall lassen sich Gelbflechten aufspüren, die im UV-Licht in knalligem Orange erstrahlen. Eine spannende Gelbflechten-Jagd! Abb. 3.9 zeigt eine kleine Auswahl an zuhause und im Urlaub entdeckten Gelbflechten. Auf der linken Hälfte sind jeweils die Gelbflechten mit weißem Licht beleuchtet zu sehen, auf der rechten Seite ist die gleiche Stelle mit UV-Licht bei Dunkelheit abgebildet.

Tipp: Mit der kürzeren, energiereicheren Wellenlänge von 365 Nanometern (nm) kommt das orangerötliche Leuchten wesentlich besser zur Geltung als bei UV-Lampen mit 395 nm Wellenlänge.

Weitere spektakuläre Fluoreszenz-Leuchterscheinungen in der Natur finden Sie in Kap. 5 und 6.

3.5 Die Waldtraut ist die Höchste

Wissen Sie eigentlich, wo Deutschlands höchster Baum zu finden ist? Im südlichen Schwarzwald in der Nähe von Freiburg. Falls Sie dort mal Urlaub machen oder in der Nähe sind, dann starten Sie am besten vom Waldhaus in der Wonnhalde. Dort kann man übrigens viel Wissenswertes über den Wald erfahren, es werden Exkursionen und Vorträge angeboten – kann ich nur empfehlen. Von

Abb. 3.10 Infotafel neben dem höchsten Baum Deutschlands: „Waldtraut vom Mühlberg"

dort führt ein ausgeschilderter Wanderweg über 4 km Länge in Richtung Schauinsland zum Ziel. Eher unscheinbar in einer Senke mitten unter anderen Bäumen steht sie da, eine mächtige Douglasie mit etwa 68 m Höhe. Da sie nicht als Solitär dasteht, majestätisch wie auf einem Thron, ist man etwas enttäuscht. Man könnte sie glatt übersehen, wenn nicht eine Holztafel den Wandernden nach gut einer Stunde Gehens darauf aufmerksam macht, dass man am Ziel sei. Der Baum ist anscheinend eine Bäumin und trägt den wunderbaren Namen „Waldtraut vom Mühlwald" am Illenberg (Abb. 3.10). Immerhin steht eine Holzliege für den erschöpften Wanderer parat, um entspannt in die hohen Wipfel zu schauen. Die letzte Messung ist auf 2019 datiert und lag bei 67,10 m. Einer Tafel, die allerdings auf dem „Hausberg" hinter dem

Waldhaus steht, ist zu entnehmen, dass diese Douglasie rund 30 cm pro Jahr an Höhe zunimmt. Im Jahr 2022 wäre sie demnach etwa 68 m hoch. Wie kann man eigentlich die Höhe eines Baumes mit einfachen Mitteln messen oder abschätzen? Dazu sind etwas Mathe und nur wenige Hilfsmittel notwendig.

3.5.1 Experiment: Baumhöhenmessung per Strahlensatz – Die Stock-Methode

Sie brauchen

- 1 Stock, der etwas länger ist als der ausgestreckte Arm (Schulter bis Hand)
- Zollstock oder Metermaß
- falls vorhanden: Laser-Messgerät (Baumarkt)

So klappt's

Suchen Sie sich im Wald einen möglichst geraden Stock. Man kann auch einen Bambusstab oder Laternenholzstock von Zuhause mitnehmen. Wichtig ist, dass der Stock länger als Ihr ausgestreckter Arm lang ist, damit Sie ihn beim Messen bequem in der Hand halten können. Bringen Sie nun den Stock auf Ihre Armlänge. Nehmen Sie dazu den Stock in die Hand (Faust) und kippen ihn auf Ihren ausgestreckten Arm. Verschieben Sie jetzt so lange den Stock in Richtung Schulter, bis das Stockende auf die Mitte der Schulter reicht. Die richtige Länge geht von der Faust bis zur Schulter. Umgreifen Sie den Stock wieder und richten ihn senkrecht auf. Jetzt ist der Stock „kalibriert" und von der Faust bis zur oberen Spitze genau so lang wie Ihr ausgestreckter Arm. Jetzt kann's losgehen mit dem Bäume-Ausmessen wie es in Abb. 3.11 veranschaulicht ist.

Suchen Sie sich einen Baum Ihrer Wahl. Falls Sie vor Ort sind, dann am besten die „Waldtraut vom Mühlberg", denn bei diesem Exemplar kennen Sie die mutmaßliche Höhe und können erst mal überprüfen, wie genau Ihre eigene Messung ist. Falls nicht, auch gut. Strecken Sie Ihren Arm mit dem Stock in der Faust aus und halten ihn möglichst senkrecht. Gehen Sie nun rückwärts mit Blick zum auszumessenden Baum und peilen Sie über den Stock in Richtung Baum. Beobachten Sie die Spitze des Stocks in etwa 45° und entfernen sich so weit vom Baum, bis die Spitze des Stocks mit der Spitze des Baumes zur Deckung kommen. Am besten ein Auge dabei zukneifen. Das Ganze ist eine etwas wacklige Angelegenheit, je nachdem

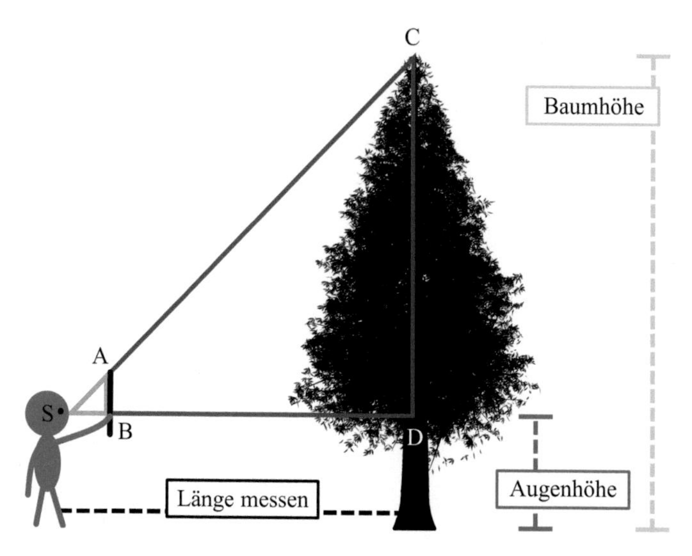

Abb. 3.11 Höhenmessung mithilfe der Stock-Methode auf Grundlage des 2. Strahlensatzes. Grafik: Melvin Müller

wie hoch oder tief der Stock gehalten wird. Sind Stockspitze und Baumwipfel deckungsgleich, bleiben Sie stehen. Die Strecke von hier bis zum Baum müssen Sie nun ausmessen. Am einfachsten durch Abschreiten. Die Anzahl der Schritte mal die Schrittlänge ergibt die Länge. Mit einem Zollstock kann man seine Schrittlänge bestimmen (von Fußspitze bis Fußspitze). Bei mir sind es etwa 80 cm. Man kann die Entfernung bis zum Baum auch sehr einfach und ziemlich genau mit einem Laser-Messgerät bestimmen.

Zum Schluss müssen Sie zur ermittelten Länge noch Ihre Augenhöhe hinzuaddieren und erhalten somit das Endergebnis Ihrer Messung. Die Augenhöhe einfach mit dem Zollstock vom Boden aus abmessen. Bei mir beträgt sie 1,75 m.

Was steckt dahinter?

Diesem Verfahren liegt der zweite Strahlensatz zugrunde, der besagt, dass das Verhältnis der Parallelen gleich dem Verhältnis der Abschnitte auf einem der Strahlen ist. Der in der Hand gehaltene Stock ist parallel zum Baumstamm – dies sind die beiden Parallelen. Die dazu gehörenden Strahlen bilden die Sichtachsen vom Auge in Richtung Baumspitze und Baumstamm (parallel zum Boden). Wenn wir Abb. 3.11 betrachten, dann gilt:

$$\overline{SB}/\overline{AB} = \overline{SD}/\overline{CD} \tag{3.1}$$

Gesucht: $\overline{CD}$ = Baumhöhe (auf Augenhöhe).

gegeben: $\overline{AB}$ = Stocklänge, $\overline{SB}$ = Armlänge = Stocklänge.

Gl. (3.1) jetzt nach $\overline{CD}$ auflösen:

$$\overline{CD}/\overline{SD} = \overline{AB}/\overline{SB} \tag{3.2}$$

$$\overline{CD} = \overline{AB}/\overline{SB} \times \overline{SD} \tag{3.3}$$

Da $\overline{AB}$ gleich groß ist wie $\overline{SB}$ kürzen sie sich gegenseitig weg.

$$\overline{CD} = \overline{SD} \tag{3.4}$$

$\overline{SD}$ = die Entfernung vom Standpunkt bis zum Baum in Metern.

$\overline{SD}$ entspricht der Strecke $\overline{CD}$ also der Höhe des Baumes auf Augenhöhe.

Die Gesamthöhe des Baumes ergibt sich aus $\overline{SD}$ plus Augenhöhe.

Beispiele und Bewertung

Bei meiner Messung der „Waldtraut vom Mühlberg" (ca. 68 m, 2022) bin ich die Strecke mehrmals abgelaufen und habe im Mittel 81 Schritte gebraucht. Bei einer Schrittlänge von 0,80 m plus 1,75 m Augenhöhe komme ich auf eine Gesamthöhe von rund 67 m (exakt: 66,55 m), also etwas niedriger als die „offizielle" Höhe von 68 m. Die Fehlerquote lag demnach bei ±2 %. Zur Fehlerabschätzung habe ich in einem Park die Höhe einer Laterne mittels Laser-Messgerät ermittelt (6 m) und kam mit der Stock-Methode auf 6,55 m (±9 % Abweichung). Die Sockelhöhe eines Denkmals habe ich mit 8,95 m bestimmt, dessen exakte Höhe 8,50 m betrug. Die Messungenauigkeit lag hier bei rund ±5 %. Bei niedrigen Höhen wirkt sich die Fehlerabweichung von 2–9 % stärker aus als bei sehr hohen Bäumen.

3.5.2 Experiment: Baumhöhenmessung per Mega-Geodreieck

Sie brauchen

- Styropor- oder Hartschaumplatte (Baumarkt)
- Cutter oder Laubsäge

So klappt's

Eine Hartschaumplatte vom Baumarkt (z. B. Typ XPS 035, 125 × 62,5 × 2 cm, Hartschaum 200-G, Fa. Recit, Hornbach Baumarkt, Preis: 3,50 €) eignet sich aus zwei Gründen besonders gut für dieses Outdoor-Experiment: Sie ist sehr stabil und absolut wasserfest. Schneiden Sie aus der Platte ein Quadrat mit beispielsweise 50 × 50 cm und halbieren es diagonal, so wie es in Abb. 3.12 gezeigt ist. Man erhält somit zwei rechtwinklige und gleichschenklige Dreiecke mit den beiden Basiswinkeln von jeweils 45° (Abb. 3.12b), quasi ein überdimensionales Geodreieck.

Suchen Sie sich einen Baum Ihrer Wahl und stellen Sie das Dreieck auf eine der beiden Schenkel. Nun verschiebt man es mit Blick zum auszumessenden Baum und entfernt es so weit vom Baum, bis der Fluchtpunkt der Basis (der langen Seite) des Dreiecks mit der Spitze des Baumes zur Deckung kommt. Am besten ein Auge dabei zukneifen und den Kopf flach auf den Boden pressen. Im Liegen klappt das einigermaßen gut, man sollte aber nicht die schönsten Klamotten anhaben. Kinder werden sich freuen, endlich im Dreck rumwühlen zu dürfen – im Dienste der Wissenschaft (Abb. 3.13).

Um die genaue Fluchtlinie zu finden, müsste man seinen Kopf streng genommen unterhalb des Basiswinkels positionieren – in einem Loch, einem Graben, einer Mulde. Das lassen wir sein und nehmen für diese Ungenauigkeit einen von mir ermittelten Fehlerwert von ca. +10 % an. Sind Fluchtlinie und Baumspitze deckungsgleich, müssen Sie die Strecke vom Dreieck zum Baum ausmessen, 10 % addieren und schon haben Sie die ungefähre Höhe des Baumes oder sonstigen Gegenstandes.

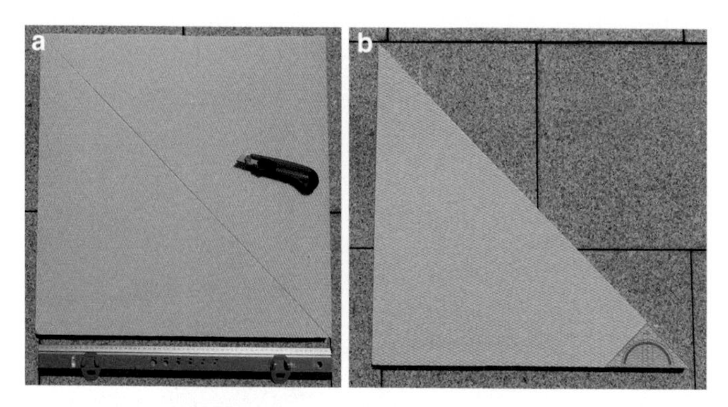

Abb. 3.12 **a** Quadratische Hartschaumplatte diagonal geschnitten in zwei rechtwinklige, gleichschenklige Dreiecke. **b** Das Geodreieck zeigt den 45°-Winkel an der Basis an

Abb. 3.13 Höhenmessung mithilfe des Mega-Geodreiecks

Alternativ kann man das Mega-Geodreieck wie bei der Stockmethode auf Augenhöhe halten und dann den Fluchtpunkt mit der Baumspitze zur Deckung bringen. Die Baumhöhe errechnet sich dann aus der Entfernung von Dreieck zum Baum plus der Augenhöhe. Die Messungenauigkeit liegt hier wie bei der Stock-Methode bei 5–9 % (6,55 m statt 6 m und 8,95 m statt 8,50 m).

Was steckt dahinter?

Bei dieser Methode nutzt man die mathematische Tatsache, dass die beiden Schenkel des Dreiecks gleich lang sind (Abb. 3.14). Hat man die Länge eines der beiden Schenkel bestimmt, weiß man automatisch auch die Länge des anderen Schenkels (= Höhe des Baumes) [23].

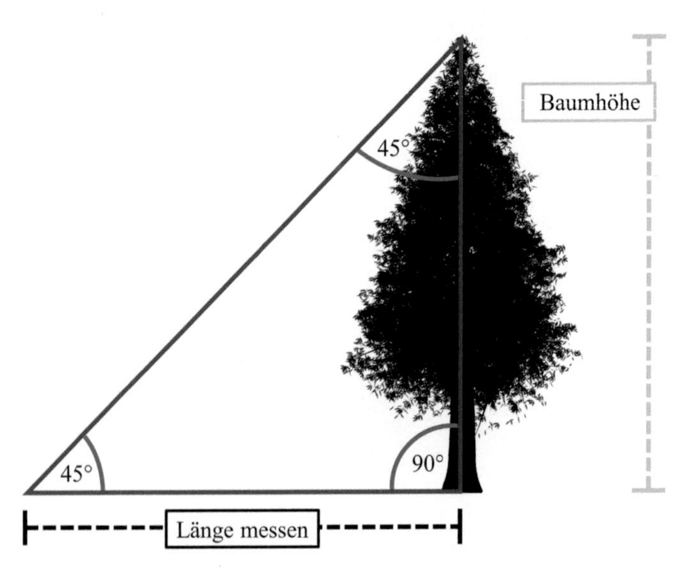

Abb. 3.14 Höhenmessung mithilfe des Mega-Geodreiecks. Grafik: Melvin Müller

3.6 Zapfenstreich

Wenn Sie mal auf Wanderung oder beim Spaziergang durch einen Wald oder Park unterwegs sind, dann sammeln Sie bitte einige Kiefernzapfen vom Boden auf. Zapfen von anderen Nadelbäumen sind auch erwünscht, aber seltener und Kiefernzapfen sind schön klein und handlich. Zapfen scheinen zu leben und uns einen Streich spielen zu wollen – mit einem Wassersprüher und einer Laubsäge kommen Sie dem Geheimnis der geschlossenen und geöffneten Zapfen auf die Spur.

3.6.1 Experiment: Zapfen-Zugbrücke

Sie brauchen

- einige Kiefernzapfen
- Wassersprüher (Blumensprüher)
- Laubsäge
- etwas Geduld

So klappt's

Das Experiment ist am beeindruckendsten, wenn man mit geöffneten Zapfen beginnt. Falls Sie geschlossene Zapfen vor sich haben, dann lassen Sie diese in der warmen Wohnung erst einmal liegen. Nach einigen Stunden sollten sich die Kiefernzapfen geöffnet haben. Nun kann das Experiment beginnen. Legen Sie einen geöffneten Zapfen für einige Stunden in den Kühlschrank oder ins Eisfach. Der Zapfen bleibt offen, sogar wenn er über Nacht in der Kälte „hockte". Besprühen Sie nun einen geöffneten

Kiefernzapfen mit Wasser. Ordentlich nass machen. Und siehe da: Nach ein bis zwei Stunden ist der Zapfen geschlossen. Lässt man ihn in der warmen Stube wieder trocknen, öffnet sich der Zapfen wieder. Dieses Auf-und-Zu-Experiment können Sie beliebig oft wiederholen.

Was steckt dahinter?

Wie formuliert es Goethe so schön in seinem „Faust"? *„Zwei Seelen wohnen, ach! in meiner Brust, die eine will sich von der andern trennen."* In den Zellwänden der Zapfen wohnen auch zwei „Seelen" in Form von Lignin und Cellulose [24]. Lignin ist ein über Sauerstoffatome verbrücktes, großes Biopolymer aus Phenol-Einheiten. Cellulose besteht aus Tausenden Glucosemolekülen, die lange Ketten bzw. Fasern bilden. Diese beiden Holzstoffe sind für das Öffnen und Schließen der Zapfenschuppen verantwortlich. Bei Feuchtigkeit oder Regen schließen sich die Schuppen, um die Samenblättchen zu schützen. Bei warmem Wetter und Trockenheit öffnen sich die Schuppen wieder und geben die geflügelten Samen frei, um vom Wind ins Umland geweht zu werden [24]. Kälte bzw. die Temperatur hat keinen Einfluss auf das Verhalten der Zapfen.

Um das Innenleben genauer betrachten zu können, habe ich einen offenen Kiefernzapfen mit einer Laubsäge quer von oben nach unten aufgesägt (Abb. 3.15). Das ist zugegeben etwas mühselig aber man sieht dann diese zwei „Seelen" sehr schön.

Wie bei einem Bimetall sind die beiden Holzschichten Lignin und Cellulose miteinander verbunden. Im Gegensatz zum Lignin kann Cellulose viel Wasser aufnehmen und aufquellen. Die Cellulosefasern sind dabei so ausgerichtet, dass sie beim Aufquellen die Zapfenschuppen nach innen krümmen [24]. Die Ligninschicht wird wie

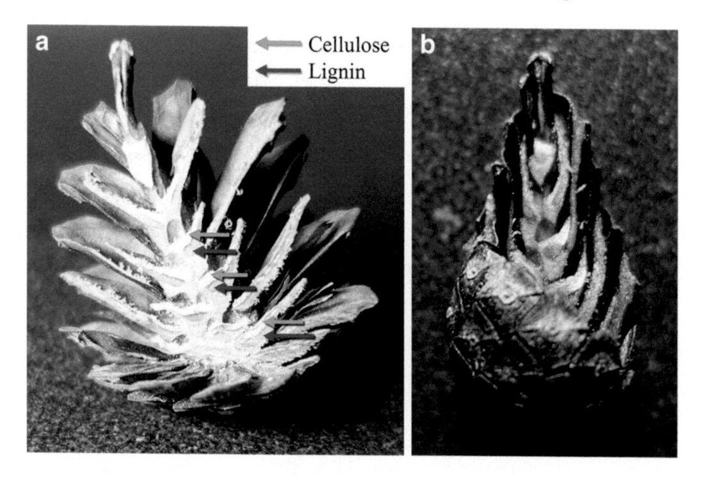

Abb. 3.15 **a** zeigt einen aufgesägten, geöffneten Kiefernzapfen und **b** den gleichen Zapfen nach Besprühen mit Wasser. Die weiße Schicht besteht aus quellfähiger Cellulose (grüne Pfeile), die bräunliche Lage aus Lignin (rote Pfeile)

bei einer Zugbrücke hochgezogen, bis der Zapfen „dicht" ist. Beim Bimetall passiert Ähnliches, allerdings durch eine Temperaturänderung.

Wird es trocken, dann verdunstet das Wasser in der Cellulose und die Krümmung lässt allmählich nach – die Zugbrücke fährt wieder herunter. Nach einigen Stunden sind die Schuppen vollständig ausgefahren und Sie können das Experiment von Neuem starten. Materialforscherinnen und -forscher versuchen diesen physikalischen Mechanismus des Auf- und Abquellens eines Materials als Motor umzusetzen, um beispielsweise Türen, Fenster oder Klappen zu öffnen und zu schließen [24]. Eine weitere Umsetzungsidee ist ein stromfreier Feuchtigkeitsmelder für Holzhäuser. Die Natur hat es bereits vorgemacht, wie es geht. Bravo, Zapfen!

3.7 Herbstzeit ist Pilz-Zeit

Wenn Sie im Herbst selber Pilze sammeln und sich damit gut auskennen, dann können Sie mit (genießbaren) Lamellenpilzen ein schönes und ganz einfaches Experiment durchführen [25]. Klappt aber auch gut mit gekauften Champignons, die sogar ganzjährig in den Supermärkten angeboten werden.

3.7.1 Experiment: Pilzsporen-Abdruck

Sie brauchen

- einige ungiftige, essbare Lamellenpilze (z. B. Champignons)
- Blatt weißes Papier
- dicke Bücher oder große Steine

So klappt's

Zuerst entfernt man den Stiel des Pilzes. Den Pilzhut dann auf ein Blatt Papier legen und mit einem dicken, schweren Buch oder einem schweren Stein beschweren. Dabei wird der Pilz etwas plattgedrückt, wie in Abb. 3.16a zu sehen ist. Nach einem Tag (über Nacht) können Sie den Stein/das Buch entfernen und auf dem Blatt einen schönen Lamellenabdruck bewundern (Abb. 3.16b).

Was steckt dahinter?

Durch das schwere Gewicht des Steins werden die Lamellen des Pilzhutes fest auf das Blatt Papier gepresst. Die in den Lamellen enthaltenen Pilzsporen übertragen

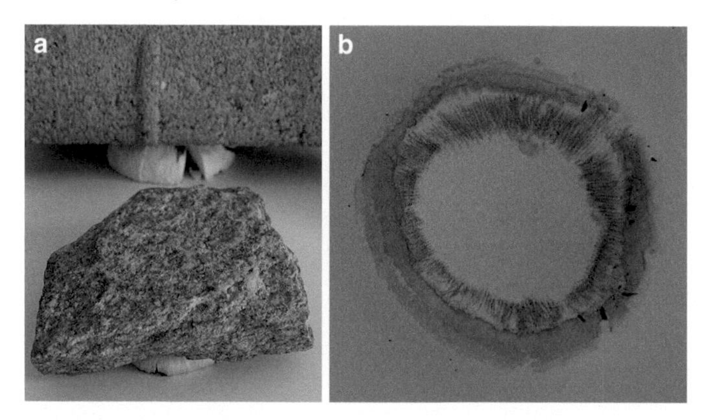

Abb. 3.16 **a** Champignon-Hüte auf einem Blatt Papier – beschwert mit einem Stein. **b** Nach einem Tag Pressen erscheint der Sporenabdruck auf dem Blatt Papier

sich dabei auf das Papier und bleiben als sichtbare, bräunliche „Spur“ haften.

Literatur

1. a) https://www.bundeswaldinventur.de/dritte-bundeswald-inventur-2012/klimaschuetzer-wald-weiterhin-kohlenstoffsenke/ (Stand: 01.08.2023). b) https://www.wald.de/waldwissen/wie-viel-kohlendioxid-co2-speichert-der-wald-bzw-ein-baum/ (Stand: 01.08.2023). c) https://www.sdw.de/ueber-den-wald/waldwissen/wald-in-zahlen/ (Stand: 01. 08.2023)
2. T. Baier, Hilfe dringend gesucht, Süddeutsche Zeitung, 18.01.2022, S. 2.
3. A. Goldberg (Hrsg.), Biosphäre, Bd. 6 Gymnasium Sachsen, 1. Aufl. 2. Druck, Cornelsen Verlag, Berlin, 2021, S. 110–112.
4. M. Groß, Das Mikrobiom der Pflanzen, Nachr. Chem. 70, 2022, S. 79–80.

5. J.-F. Bastin, Y. Finegold, C. Garcia et al., The global tree restoration potential, Science, 365, 2019, S. 76–79.
6. J. W. Veldman, J. C. Aleman, S. T. Alvarado et al., Comment on “The global tree restoration potential”, Science, 366, 2019, S. 318–320.
7. P. Enevoldsen, F.-H. Permien, I. Bakhtaoui et al., How much wind power potential does Europe have? Examining European wind power potential with an enhanced socio-technical atlas, Energy Policy, 332, 2019, S. 1092–1100.
8. E. Leusmann, Mikro- und Nanoplastik, Nachr. Chem. 70, 2022, S. 73.
9. I. Goßmann, R. Süßmutth and B. M. Scholz-Böttcher, Plastic in the air?! – Spider webs as spatial and temporal mirror for microplastics including tire wear particles in urban air, Sci. Total Environ., 832, 2022, 155008.
10. S. Roeder, Auf Teilchenfang, Dresdner Neueste Nachrichten, 24./25.12.2022.
11. V. Wirth und U. Kirschbaum, Flechten einfach bestimmen, 2., aktualisierte Aufl., Quelle & Meyer Verlag, Wiebelsheim, 2017, S. 7–30.
12. L. Urry, M. Cain, S. Wasserman, P. Minorsky und J. Reece, Campbell Biologie, 11., aktualisierte Aufl., Pearson Deutschland, München, 2019, S. 886–887.
13. https://www.123pilzsuche-2.de/daten/details/ZierlicheGelbflechte.htm (Stand: 01.08.2023)
14. NABU – Naturschutzbund Deutschland e. V. https://www.nabu.de/tiere-und-pflanzen/pilze-und-flechten/14125.html (Stand: 01.08.2023)
15. Bryologisch-Lichenologische Arbeitsgemeinschaft für Mitteleuropa e. V. https://blam-bl.de/blam/blam-verein.html (Stand: 01.08.2023)
16. https://www.umweltbundesamt.de/themen/luft/luftschadstoffe-im-ueberblick/schwefeldioxid (Stand: 01.08.2023)
17. https://www.umweltbundesamt.de/daten/luft/luftschadstoff-emissionen-in-deutschland/schwefeldioxid-emissionen#entwicklung-seit-1990 (Stand: 01.08.2023)

18. M. Keil und B. P. Kremer (Hrsg.), Wenn Monster munter werden, 1. Aufl., Wiley-VCH, Weinheim, 2004, S. 133–144.
19. https://www.vdi.de/richtlinien/details/vdi-3957-blatt-20-biologische-messverfahren-zur-ermittlung-und-beurteilung-der-wirkung-von-luftverunreinigungen-biomonitoring-kartierung-von-flechten-zur-ermittlung-der-wirkung-von-lokalen-klimaveraenderungen (Stand: 01.08.2023)
20. V. Wirth und U. Kirschbaum, Flechten einfach bestimmen, 2., aktualisierte Aufl., Quelle & Meyer Verlag, Wiebelsheim, 2017, S. 47.
21. V. Wirth und U. Kirschbaum, Flechten einfach bestimmen, 2., aktualisierte Aufl., Quelle & Meyer Verlag, Wiebelsheim, 2017, S. 35.
22. https://www.biologie-seite.de/Biologie/Gew%C3%B6hnliche_Gelbflechte (Stand: 01.08.2023)
23. H. Pilcher, Ab Nach Draußen, 1. Aufl., Loewe Verlag, Bindlach, 2022, S. 124–125.
24. C. Zollfrank, Holzbasierte Aktuations-Systeme, FG Biogene Polymere, Wissenschaftszentrum Weihenstephan für Ernährung, Landnutzung und Umwelt, TU München, 2015. https://www.holz.tum.de/fileadmin/w00bqw/holz/Bilder/Aktuell/Cordt_Zollfrank_Vortrag.pdf (Stand: 01.08.2023)
25. H. Pilcher, Ab Nach Draußen, 1. Aufl., Loewe Verlag, Bindlach, 2022, S. 174–175.

4

Am Teich, Tümpel, Weiher oder See

Zusammenfassung Sie können sich nicht vorstellen, was in einem einzigen Wassertropfen aus einem Teich oder Tümpel los ist! Es kreucht und fleucht, ein unsichtbares Gewimmel, und das Beste ist: Sie können es selbst beobachten – ganz ohne Mikroskop – mithilfe der „Laser-Tropfen-Methode“ mit einem Laserpointer und einer Spritze aus dem Baumarkt. Mikroorganismen, Grünalgen, Wimpertiere, Ruderfußkrebse, Mundschleimhautzellen und rote Blutkörperchen. Wimmel-Videos zum Scannen inklusive. Wie man die Lichtbrechung und -reflexion sichtbar macht? Das klappt mit gewöhnlichen Seifenblasen, die zur Discokugel mutieren. Für die kalte Jahreszeit bieten zugefrorene Seen eine echte „Experimentierwiese“. Mit

Ergänzende Information Die elektronische Version dieses Kapitels enthält Zusatzmaterial, auf das über folgenden Link zugegriffen werden kann https://doi.org/10.1007/978-3-662-67398-0_4. Die Videos lassen sich durch Anklicken des DOI Links in der Legende einer entsprechenden Abbildung abspielen, oder indem Sie diesen Link mit der SN More Media App scannen.

A. Korn-Müller, *Der Natur auf der Spur*,
https://doi.org/10.1007/978-3-662-67398-0_4

einem Laserpointer mutieren Eisschollen zu Lichtorgeln und die Eisdicke eines Gewässers lässt sich ebenfalls per Laserpointer messen. Der Klassiker darf natürlich nicht fehlen: Die Geräusche auf einem gefrorenen See. Warum das so ist, erfahren Sie in diesem Kapitel.

4.1 Mikroorganismen sichtbar machen mit Laserpointer – ganz ohne Mikroskop

Zigtausende verschiedene Mikroorganismen, tierisches und pflanzliches Plankton, wie beispielsweise Grünalgen oder Wimpertiere, führen ein für unser bloßes Auge unsichtbares Leben in den Gewässern der Erde. Mit Durchmesser-Größen zwischen 10 und 500 µm bleiben sie für uns im Verborgenen ($1\ \mu m = 10^{-6}\ m = 1$ tausendstel mm). Das änderte sich mit der Entwicklung leistungsstarker Mikroskope, mit welchen der Mensch in der Lage ist, in immer kleineren Sphären des Mikrokosmos vorzustoßen und diesen zu erforschen. Von Bakterien, Viren, Proteinen bis hin zu einzelnen Atomen [1]. Es gibt allerdings auch eine verblüffend einfache Methode, um mikroskopisch kleine Mikroorganismen ohne Hilfe eines Mikroskops sichtbar zu machen. Man benötigt dazu lediglich einen grünen oder roten Laserpointer und eine Kunststoffspritze.

4.1.1 Experiment: Wimmelbilder mit der „Laser-Tropfen-Methode"

Schickt man den Laserstrahl eines herkömmlichen Laserpointers durch einen mit Zellen oder Mikroorganismen enthaltenden Wassertropfen, kann man sie als vergrößertes Schattenbild sichtbar machen. Da die Intensität des roten Lichts nicht so stark ist wie die des grünen Laserstrahls, erscheinen die Abbildungen mit dem roten Laserpointer nicht ganz so hell. Für das Fotografieren und Filmen erweist sich dies allerdings als vorteilhaft.

Sie brauchen

- 1 grünen oder roten Laserpointer mit einer Wellenlänge von 532 nm (grün) bzw. 650 nm (rot) und einer Leistung zwischen 1 und 10 mW (Bezug: Internet ca. 5–20 €) ⚠
- 1 Kunststoffspritze (ca. 20 mL Volumen, Baumarkt oder Apotheke)
- 2 Stative mit Klemme (Labor- oder Fotostative)
- 1 Becher

So klappt's

Die zu untersuchende Flüssigkeit wird in die Spritze aufgezogen und die Spritze senkrecht in die Klemme an ein Stativ gespannt. Den Laserpointer fixiert man horizontal ebenfalls mit einer Klemme an das zweite Stativ. Der Abstand zwischen Laserpointer und Spritze spielt keine große Rolle, bewährt haben sich etwa 20–30 cm (Abb. 4.1). Als „Bildschirm" kann jede Zimmer-, Haus- oder Garagenwand dienen, eine Mauer oder eine echte Leinwand. Der Abstand zwischen Spritze und „Bildschirm" sollte etwa bei 2 m liegen, um die Zellen gut sehen (und ausmessen) zu können. Abb. 4.1 zeigt den allgemeinen Versuchsaufbau.

Kurz vor dem Experiment drückt man so lange vorsichtig einen Tropfen aus der Spritze, bis der Tropfen gerade eben an der Spritzenöffnung hängen bleibt. Es passiert oft, dass mehrere Tropfen herunter fallen, bis end-

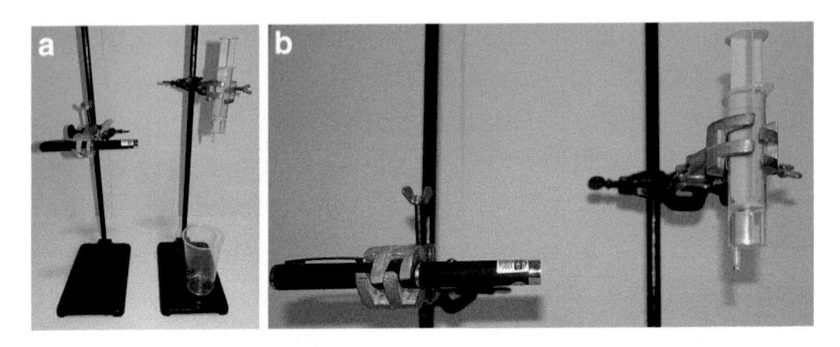

Abb. 4.1 **a** Versuchsaufbau der Laser-Tropfen-Methode: Laserpointer und Spritze. **b** Detail

lich ein Tropfen hängen bleibt. Daher sollte unter der Spritze ein Becher zum Auffangen der Flüssigkeit stehen. Nun richtet man den Laserstrahl möglichst horizontal zur Ebene genau auf den Tropfen aus. Dabei kann man sich von oben nach unten oder umgekehrt langsam „vortasten". Dies bedarf einer ruhigen Hand und etwas Übung. Abb. 4.2a zeigt den grünen Laserstrahl von der Quelle in Richtung Wand („Bildschirm") knapp unter dem an der Spritzenspitze hängenden Tropfen. Für die Untersuchung muss der Laserstrahl also noch ein kleines

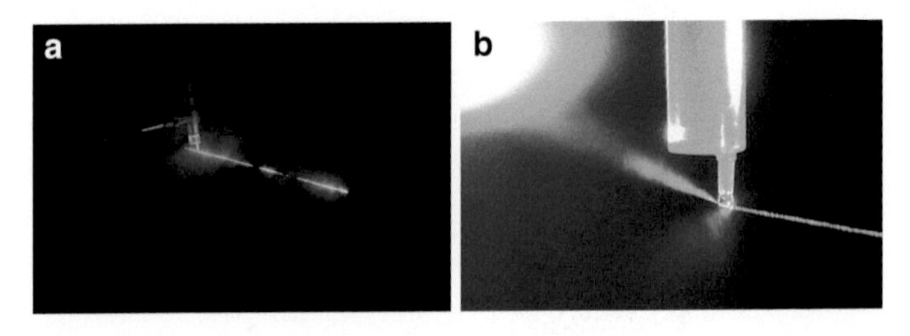

Abb. 4.2 Laserstrahl eines grünen Laserpointers (532 nm), sichtbar gemacht mit Theaternebel. **a** Der Strahl verläuft von rechts nach links und knapp unterhalb des Tropfens. **b** Nahaufnahme des Laserstrahls, wie er durch den hängenden Tropfen hindurch „schießt"

bisschen nach oben ausgerichtet werden, damit er exakt durch den Tropfen „schießt“ (Abb. 4.2b). Das Laserlicht wurde mithilfe von Theaternebel eines Handnebelgerätes sichtbar gemacht. Vorsicht! Bitte die Sicherheitshinweise im Umgang mit Laserstrahlen beachten: Man soll einen derartigen Laserstrahl nicht in die Augen leuchten! Nicht gegen reflektierende Materialien (Spiegel, Gläser, Metalloberflächen) halten! Das Laserlicht wird am Tropfen und auch am Kunststoff der Spritze reflektiert und gebrochen – bitte die Augen schützen, etwa mit einer Sonnenbrille.

Für eine „Negativprobe“ habe ich die Spritze mit Leitungswasser aus dem Wasserhahn aufgezogen und mehrere Tropfen mit dem Laserpointer bestrahlt. Wie Abb. 4.3 zeigt, sind keinerlei Zellen oder Mikroorganismen vorhanden.

Wenn alles parat ist: Licht aus – Spektakel an!

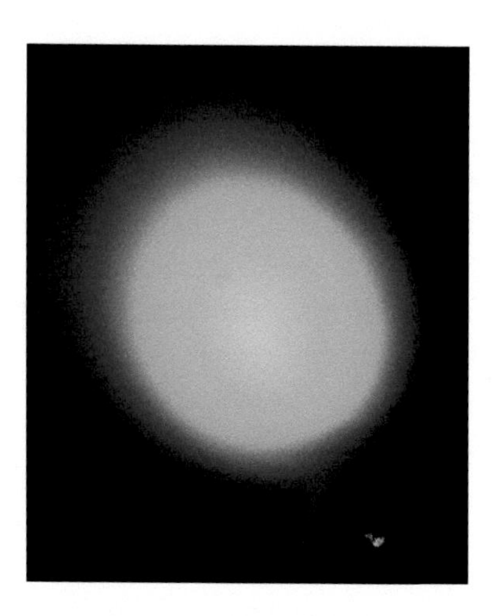

Abb. 4.3 Negativprobe mit Leitungswasser. Das Licht eines grünen Laserpointers durchdringt einen Wassertropfen, zeigt aber keine Schatten von Zellen oder Mikroorganismen

4.1.2 Experiment: Mundschleimhautzellen

  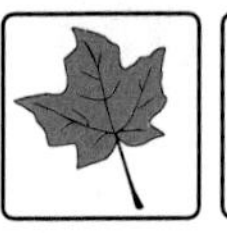 

Die einfachste Art, an brauchbare Zellen zu gelangen, sind die Mundschleimhautzellen, die sich vor allem in den Innenseiten der Wangen in großer Zahl befinden [2, 3]. Man nimmt einen Schluck Wasser und spült den Mund durch kräftiges Hin- und Her-Bewegen aus. Die dadurch abgeriebenen Zellen befinden sich nun im Wasser. Ausspucken in ein Glas, Spritze damit aufziehen – fertig. Wem das zu „unappetitlich" ist, für den gibt es eine elegantere Methode: Mithilfe eines Wattestäbchens entnimmt man sich einen Zellenabstrich, indem man das Watteköpfchen mit mäßigem Druck an den Innenseiten der Wangen reibt (ähnlich wie beim Corona-Test). Das benetzte Watteköpfchen wird in etwa 10 mL Wasser durch hin- und herbewegen und Drehen ausgewaschen und das „Mundwasser" schließlich in die Spritze aufgezogen. Dieses Verfahren hat neben der besseren Hygiene den Vorteil, dass man gleich eine genügend hohe Verdünnung erzielt. So kann man die einzelnen Zellen gut erkennen. Bei der „Spuck-Methode" erhält man eine Unmenge an Zellen, die sich teilweise überlagern und verdecken.

Abb. 4.4 zeigt die Vergrößerung von Mundschleimhautzellen im roten und grünen Laserlicht. Ihre Originalgröße beträgt etwa 40–80 μm mit unregelmäßiger, diffuser, mal rechteckiger, mal runder Form mit einem runden, dunklen Zellkern in der Mitte [3, 4]. Man sieht häufig unterschiedliche Größen und auch manche durch den mechanischen Abrieb entstandenen „Bruchstücke".

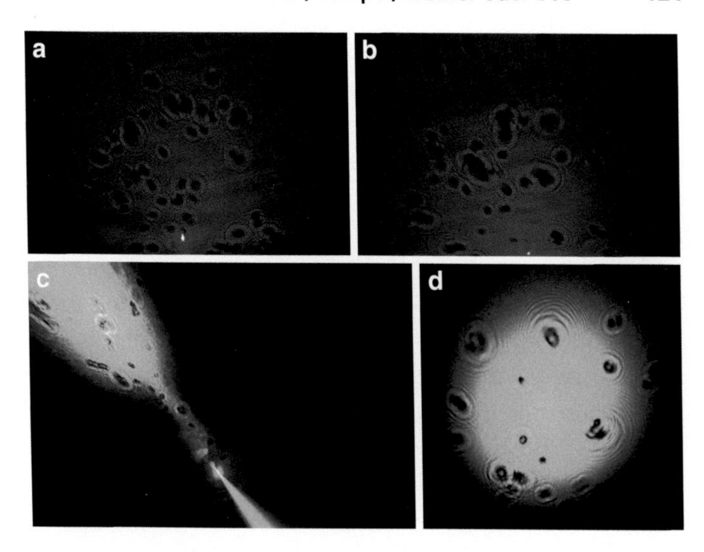

Abb. 4.4 Schattenbilder von Mundschleimhautzellen. Abstand Tropfen zur Wand: 2 m, Zellenschattengröße zwischen 8 und 13 cm Durchmesser. **a** und **b** mithilfe eines roten Laserpointers. **c** und **d** mithilfe eines grünen Laserstrahls

4.1.3 Experiment: Mikroorganismen aus dem Tümpel, Weiher, Teich

„Bewaffnen" Sie sich mit einer Kunststoffspritze und gehen oder radeln Sie zu einem Teich, Tümpel, Weiher oder See. Vom Ufer aus ziehen Sie etwa 20 mL Wasser in die Spritze auf (am besten die Spritze einmal mit dem Wasser „durchspülen"). Auch wenn die Wasserprobe von außen klar und rein aussieht, tummeln sich darin doch Tausende Mikroorganismen, sogenanntes Plankton. Bis heute sind rund

40.000 pflanzliche und tierische Planktonarten bekannt, die in allen Gewässern der Erde beheimatet sind [5]. Weltweit gibt es über 7000 wasserlebende Grünalgen, etwa 6300 davon sind Süßwasser-Grünalgen [6]. Sie sind in Seen, Teichen und Tümpeln weit verbreitet und kommen als eukaryotische Ein- und Vielzeller vor, bilden aber auch Ketten (Filamente) und Kolonien. Die typische Größe von Grünalgen liegt bei 20–100 µm [7]. Neben Grün-, Blau-, Joch- und Kieselalgen tummelt sich eine Unmenge an Einzellern, wie beispielsweise den Wimpertieren, sowie zahllose Kleinsttiere, wie dem Ruderfußkrebs, im Gewässer herum [8]. Bei diesem Experiment soll jedoch die Art der Mikroorganismen vernachlässigt werden, denn eine eindeutige Bestimmung der biologischen Spezies ist anhand dieser Methode nicht möglich – aber auch nicht nötig. Als Schattenbild sieht man neben fast kreisrunden Organismen auch stäbchenförmige, filamentöse Exemplare [8, 9]. Die untersuchten Wasserproben stammen aus einem Teich im Großen Garten in Dresden, einmal im Frühjahr (März, April) gezogen und einmal im Sommer (Juli, August) entnommen. Es ist deutlich erkennbar, dass die Vermehrung des Planktons bis zum Sommer massiv zugenommen hat (Abb. 4.5). In Abb. 4.5a könnte es sich um eine Sternchenalge *(Micrasterias)* handeln (durchschnittliche Originalgröße: 40–300 µm) [10, 11]. Die Abb. 4.5e–g zeigen wild herumschwimmende Mikroorganismen, die wie kleine Wollknäuel aussehen und über den „Bildschirm" rasen. Mutmaßlich sind es die flinken Wimpertiere (durchschnittliche Originalgröße: ca. 20–200 µm) [12] sowie Rädertiere (Originalgröße: 40–3000 µm) [13].

Um zu sehen, was in einem einzigen Tropfen Teichwasser im Hochsommer los ist, scannen Sie bitte die URL

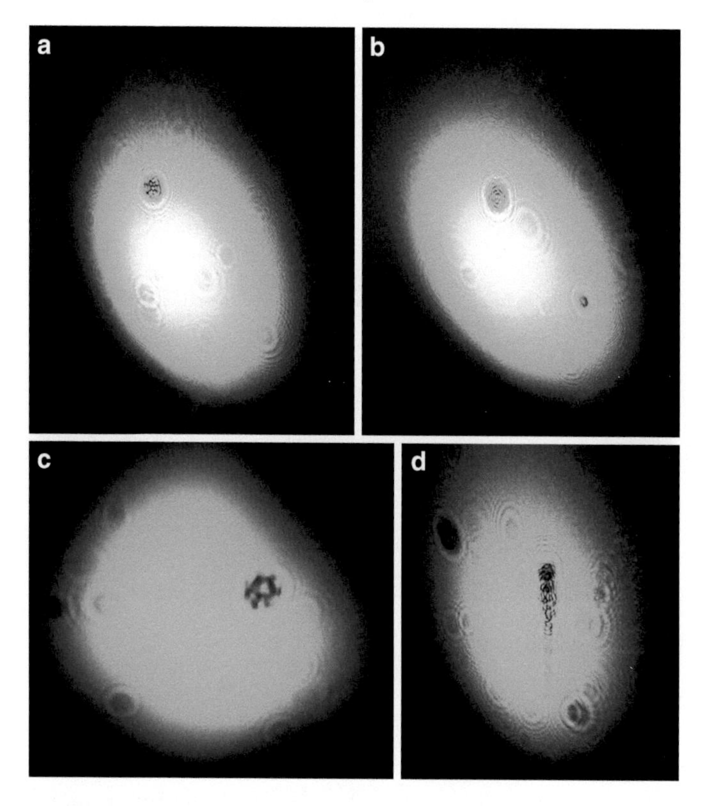

Abb. 4.5 Schattenbilder von Süßwasser-Plankton im Laserlicht. Abstand Tropfen zur Wand: 2 m, Schattengröße ca. 8–16 cm Durchmesser. **a–d** im Frühjahr. **e–h** im Sommer

in Abb. 4.6. Das Video habe ich im grünen Laserlicht aufgenommen und es zeigt Hunderte Mikroorganismen, die hektisch ihre Bahnen ziehen.

In etlichen Proben mit sommerlichem Teichwasser ist regelrecht die Hölle los! Wie von der Tarantel gestochen flitzen sich flink und hektisch bewegende, teils rudernde Kreaturen durch das Bild, die ständig ihre Richtung

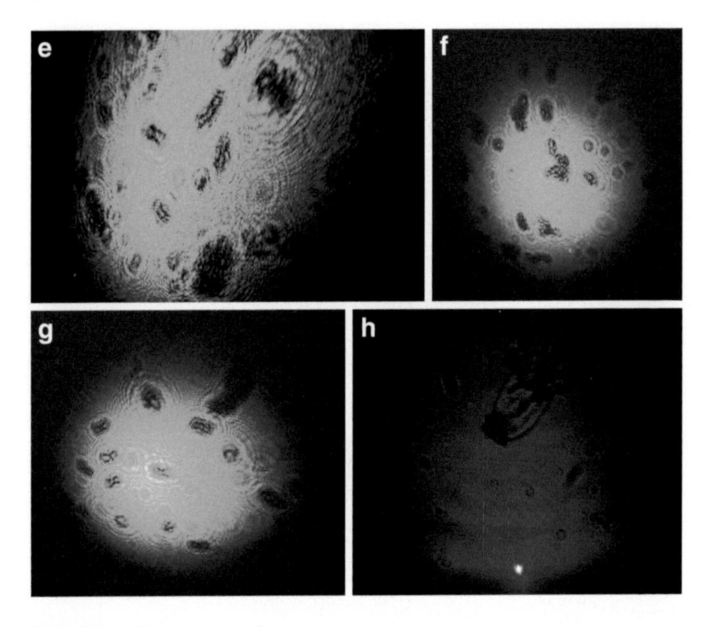

Abb. 4.5 (Fortsetzung)

wechseln. Es ist unglaublich! Ein Gewimmel sondergleichen! Dabei handelt es sich u. a. um Ruderfußkrebse (*Copepoda,* Originalgröße ca. 0,5–2 mm) [14, 15] sowie mutmaßlich um Wimper- und Rädertiere [12, 13]. Die umhertreibenden Organismen sind wahrscheinlich Grünalgen. Abb. 4.7 zeigt einen Ruderfußkrebs als Standbild aus einem Video.

Ein spektakuläres Video mit wild umherrasenden Ruderfußkrebsen lässt sich unter Abb. 4.8 abrufen. Man beobachtet eine ganze Bandbreite unterschiedlicher Mikroorganismen aller Größen und Formen, was nicht verwunderlich ist, da in der Wasserprobe „Jung und Alt" sowie viele unterschiedliche Arten zusammen leben [8].

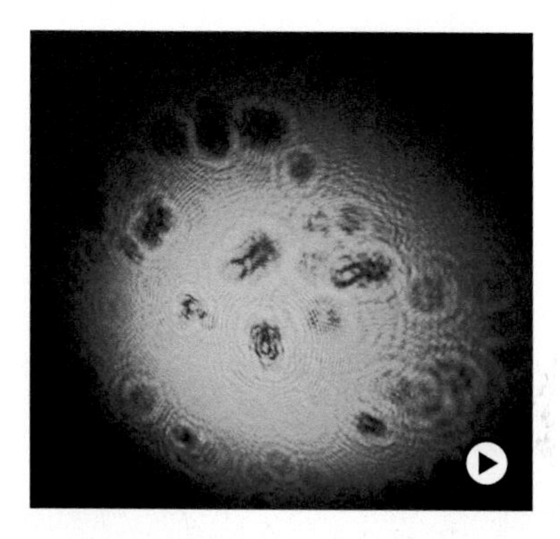

Abb. 4.6 Das Video zeigt diverse Mikroorganismen im sommerlichen Teichwasser als vergrößerte Schatten mit der Laser-Tropfen-Methode unter Verwendung eines grünen Laserpointers. Musik: Caribbean World von Mezaproduction Aleksandr B. Karabanov (pixabay). Video Beschreibung: Sich hektisch bewegende Mikroorganismen im grünen Laserlicht als vergrößerte Schatten an einer Wand URL: ▸ https://doi.org/10.1007/000-a6a

Abb. 4.7 Schattenbild eines Ruderfußkrebses (Hüpferling) im roten Laserlicht als Standbild aus einem Video. Originalgröße ca. 0,5–2 mm. Weitere Planktonarten sind ebenfalls zu sehen. Abstand Tropfen zur Wand: 2 m

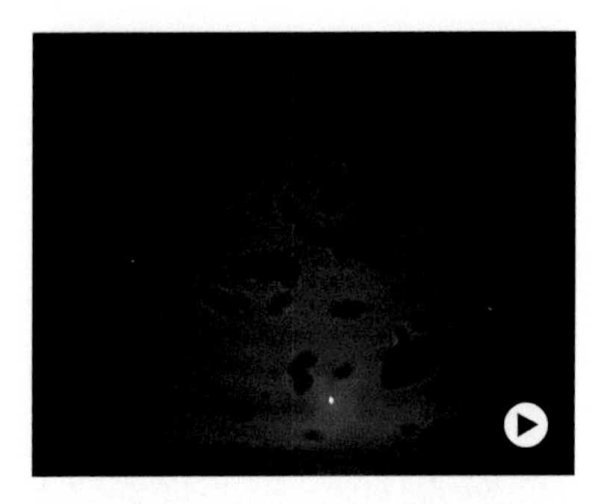

Abb. 4.8 Hektisches Gewimmel diverser Mikroorganismen im sommerlichen Teichwasser. Das Video zeigt u. a. Ruderfußkrebse und Wimpertiere als vergrößerte Schatten mit der Laser-Tropfen-Methode unter Verwendung eines roten Laserpointers. Musik: Caribbean World von Mezaproduction Aleksandr B. Karabanov (pixabay). Video Beschreibung: Sich hektisch bewegende Mikroorganismen im roten Laserlicht als vergrößerte Schatten an einer Wand URL: ▸ https://doi.org/10.1007/000-a69

4.1.4 Experiment: Moosextrakt

Sammeln Sie im Herbst etwa einen Esslöffel voll Moos und legen es über Nacht in eine Schale mit Wasser ein. Am nächsten Tag drücken Sie das grüne Moos vorsichtig aus und ziehen das „Mooswasser" in die Spritze auf. Im Moosextrakt findet sich eine Vielzahl von Zellen, Zellfragmenten, winzigen und riesigen Moosfasern. Ein regelrechtes „Kraut und Rüben". Die Laser-Tropfen-Methode macht das Unsichtbare sichtbar. In Abb. 4.9 sehen Sie das Ergebnis.

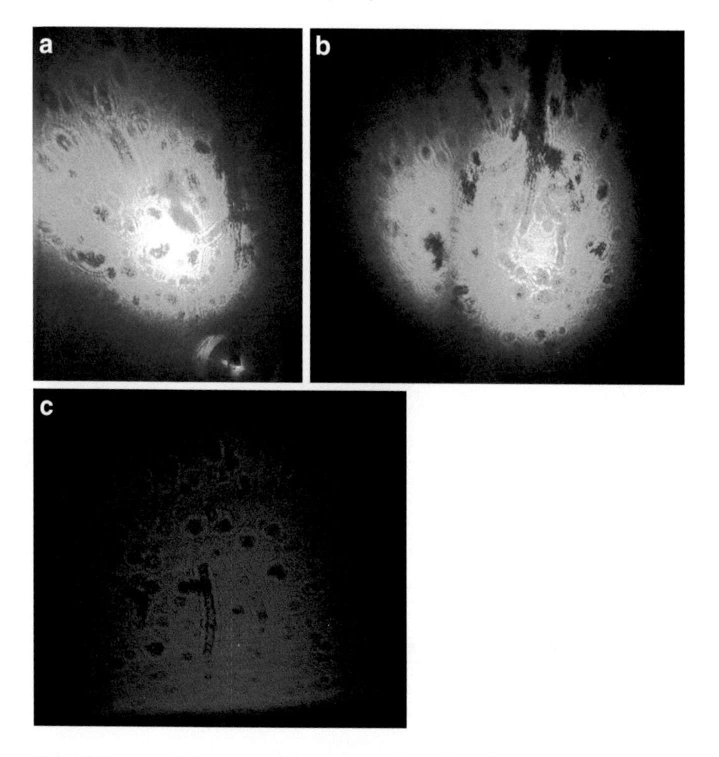

Abb. 4.9 a–c Moosextrakt unter „Laserbeschuss". Die größten Schatten weisen eine Länge von bis zu 90 cm auf. Dies entspricht einer tatsächlichen Größe von etwa 0,5 mm. Abstand Tropfen zur Wand: 2 m

4.1.5 Experiment: Rote Blutkörperchen (Erythrozyten)

Mit ihren 6–8 µm Durchmesser stellen rote Blutkörperchen (Erythrozyten, kurz: Erys) das äußerste Limit der „Laser-Tropfen-Methode" dar. Für eine Blutprobe musste meine älteste Tochter (freiwillig) herhalten. Mit einer sterilen Kanüle hat sie sich in die Fingerkuppe gepiekst, um einen kleinen

Tropfen Blut herauszuquetschen. Diesen winzigen Tropfen habe ich mit einer Pipette abgenommen und in 40 mL Wasser gegeben, um eine ausreichend hohe Verdünnung zu erhalten. In einer 10- oder 20-mL-Verdünnung sind noch viel zu viele Erythrozyten vorhanden, sodass man im Schattenbild einfach nur eine „graue Masse" sieht. Ein Tropfen hat ein Volumen von etwa 50 µL (0,05 mL), ein sehr kleiner ca. 25 µL und enthält rund 125 Mio. rote Blutkörperchen [16]. Verdünnt auf 40 mL (40.000 µL) befinden sich rund 78.000 Erys pro Tropfen. Mit etwa 200.000–500.000 Zellen pro Tropfen Blut sind die weißen Blutkörperchen (Leukozyten, kurz: Leukos) in der absoluten Minderheit [16] und spielen in der verdünnten Flüssigkeit mit 125–625 Exemplaren pro Tropfen praktisch keine Rolle, wurden aber vereinzelt gesichtet. Die Fotos in Abb. 4.10 zeigen die typische „Untertassen-" oder Donut-Form der roten Blutkörperchen.

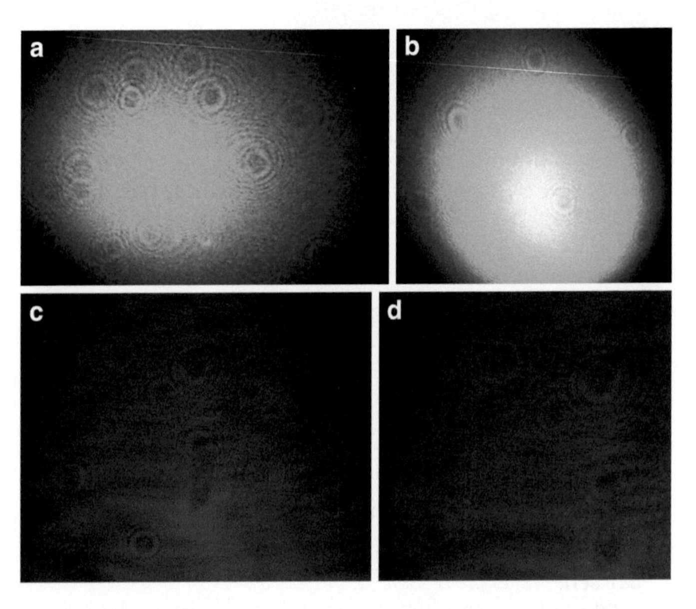

Abb. 4.10 Abbildung von roten Blutkörperchen (Erythrozyten) mithilfe der „Laser-Tropfen-Methode". **a** und **b** mit einem grünen Laserpointer. **c** mit einem roten Laserstrahl. **d** Nahaufnahme von **c**. Abstand Tropfen zur Wand: 2 m, Zellenschattengröße ca. 1,5–2 cm Durchmesser

Was steckt dahinter?

Für die Berechnung des Vergrößerungseffekts wird der Wassertropfen als Kugel angenommen, er fungiert als sphärische Linse. Auftreffende Lichtstrahlen werden zum Teil gebrochen und reflektiert. Aus dem Huygens'schen Prinzip ergibt sich das Snellius'sche Brechungsgesetz mit den Winkeln θ_1 und θ_2 (Gl. 4.1) [17, 18].

$$n_1 \sin \theta_1 = n_2 \sin \theta_2 \tag{4.1}$$

Dabei stehen die Brechzahlen $n_1 = 1{,}0$ für Luft (Medium 1) und $n_2 = 1{,}33$ für Wasser (Medium 2). Lichtstrahlen werden an der Grenzfläche der beiden Medien Luft und Wasser gebrochen (Abb. 4.11). Zudem gilt nach dem Huygens'schen Prinzip für die Reflexion, dass der Einfallswinkel α gleich dem Reflexionswinkel α' ist (Abb. 4.11).

Der Großteil der Laserstrahlen gelangt durch den Flüssigkeitstropfen und trifft auf die Zellen. Die Vergrößerung V durch eine sphärische brechende Oberfläche kann mit Gl. 4.2 beschrieben werden [17, 18]. Dabei steht B für die Bildhöhe und G für die Gegenstandshöhe.

$$V = \frac{B}{G} \tag{4.2}$$

Der Abstand des Tropfens zur Bildebene (Bildweite) wird mit b beschrieben. Die Gegenstandsweite g entspricht dem Radius des Tropfens, wenn sich der Gegenstand genau im Kreismittelpunkt befindet, was als Annäherung angenommen wird. Die Brechzahl von Luft beträgt $n_1 = 1{,}0$ und die von Wasser $n_2 = 1{,}33$. Abb. 4.12 zeigt den Strahlengang mit dem Vergrößerungseffekt.

Bei sehr kleinen Winkeln gilt die Näherung, dass $\sin \theta$ ungefähr dem Winkel θ entspricht. Eingesetzt in das Brechungsgesetz (Gl. 4.1) ergibt sich Gl. 4.3.

$$n_1 \theta_1 = n_2 \theta_2 \tag{4.3}$$

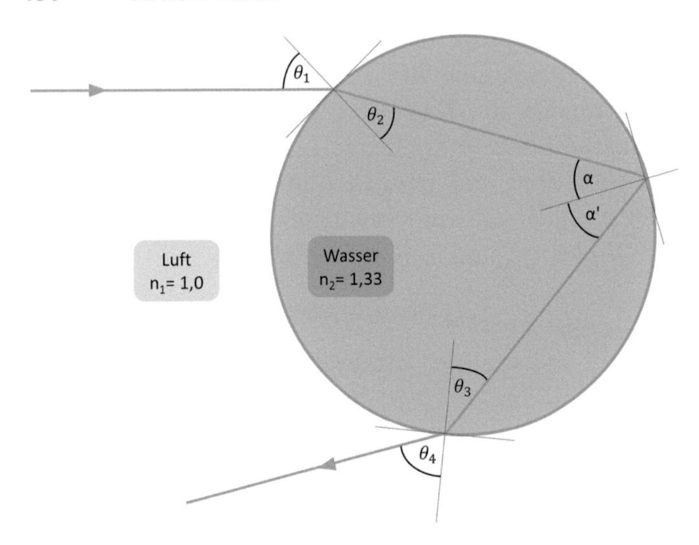

Abb. 4.11 Ein Tropfen idealisiert und vereinfacht als Kugel dargestellt. Lichtstrahlen werden an der sphärischen Fläche teilweise gebrochen und reflektiert. Grafik: Melvin Müller

In dem rechtwinkligen Dreieck (Abb. 4.12) entspricht der Tangens des Winkels θ dem Längenverhältnis der Beträge von Gegenkathete zu Ankathete und bei achsnahen, sprich: sehr kleinen Winkeln gilt auch hier die Näherung $\tan\theta \approx \theta$ (Gl. 4.4 und 4.5).

$$\tan\theta_1 \approx \theta_1 = \frac{B}{b} \tag{4.4}$$

$$\tan\theta_2 \approx \theta_2 = \frac{G}{g} \tag{4.5}$$

Mit Gl. 4.3 ergibt sich Gl. 4.6 durch Einsetzen und Auflösen nach V.

$$n_1\frac{B}{b} = n_2\frac{G}{g} \Rightarrow V = \frac{B}{G} = \frac{n_2 b}{n_1 g} \tag{4.6}$$

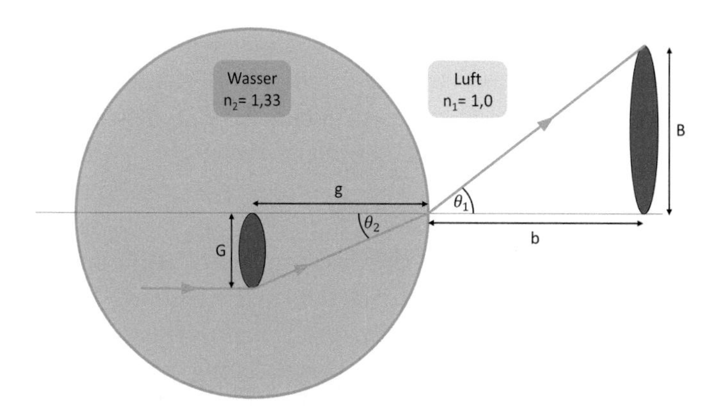

Abb. 4.12 Vereinfacht dargestellter Strahlengang im Tropfen als idealisierte Kugeloberfläche und resultierende Vergrößerung einer Zelle; g = Radius Tropfen, b = Abstand Tropfen – Bildebene. Grafik: Melvin Müller

Mithilfe von Gl. 4.5 kann man den Betrag der Vergrößerung berechnen. Der Quotient von n_2/n_1 beträgt 1,33. Der Tropfen wird angenähert als Kugel betrachtet und bei einem üblichen Durchmesser von etwa 3 mm wird der Radius g = 1,5 mm angenommen [19].

Die konzentrischen Ringe um die Zellen herum sind Beugungs- und Interferenzmuster, die durch das kohärente Laserlicht entstehen und die tatsächliche Form und Größe des Objekts etwas verfälschen.

4.1.6 Auswertung der Messungen

Um die berechneten Vergrößerungsfaktoren zu überprüfen, wurden die an die Wand geworfenen Zellen mit einem Metermaß ausgemessen. Die Bildweite also der Abstand b vom Tropfen bis zum Bildschirm wurde wahlweise auf 1 m oder 2 m eingestellt. Da die Zellen oder

Organismen im Tropfen durch Konvektionskräfte oder durch Eigenregung ständig in Bewegung sind, braucht man für die Ausmessung ein „schnelles Händchen". Für eine grobe Abschätzung kommt es dabei aber nicht auf den Millimeter an. In Tab. 4.1 sind die Messergebnisse im Überblick zusammengestellt.

Die Originalgröße des Durchmessers von Mundschleimhautzellen von Erwachsenen beträgt 40–80 μm [3, 4]. Mit $b=1$ m und $g=$Tropfenradius$=1{,}5$ mm ergibt sich aus Gl. 4.5 eine Vergrößerung von $V=887$. Gemessene Durchmesser der Zellenschatten an der Wand lagen meistens zwischen 4 und 8 cm. Der theoretische Wert bei Annahme einer Zelle mit 40 μm Durchmesser beträgt 3,5 cm, mit 80 μm etwa 7 cm. Mit $b=2$ m erhält man eine Vergrößerung von $V=1773$. Gemessene Durchmesser der Zellenschatten an der Wand lagen meistens bei etwa 8–13 cm, einige wiesen Längen von 15–17 cm auf. Der theoretische Wert bei Annahme einer Zelle mit 40 μm Durchmesser liegt bei rund 7 cm und mit 80 μm bei ca. 14 cm.

Die Originalgröße des Durchmessers von Grünalgen (Phytoplankton) beträgt durchschnittlich etwa 40–100 μm [7, 8]. Mit $b=1$ m erhält man eine Vergrößerung von $V=887$. Gemessene Durchmesser der Zellenschatten an der Wand lagen bei ca. 3–7 cm. Der theoretische Wert bei Annahme einer Zelle mit 40 μm Durchmesser beträgt rund 3,5 cm, mit 100 μm Durchmesser etwa 9 cm. Mit $b=2$ m erhält man eine Vergrößerung von $V=1773$. Gemessene Durchmesser der Zellenschatten an der Wand lagen häufig zwischen 8–9 cm sowie bei ca. 12–16 cm. Der theoretische Wert bei

Tab. 4.1 Laser-Tropfen-Messung der ungefähren Größe von Zellen und Mikroorganismen

	Typischer Durchmesser	Vergrößerungsfaktor & Erwartete Größe	Gemessene Größe (Durchmesser)
Mundschleimhautzellen	40-80 µm	1.773 (2 m Abstand) 7-14 cm 887 (1 m Abstand) 3,5-7 cm	8-13 cm 4-8 cm
Mikroorganismen im Teich (Plankton, Grünalgen)	40-100 µm	1.773 (2 m Abstand) 7-18 cm 887 (1 m Abstand) 3,5-9 cm	8-16 cm 3-7 cm
Moos-Wasser (Algen und Fasern)	diverse Größen und Formen, 30 µm bis 500 µm = 0,5 mm	1.773 (2 m Abstand) 5-89 cm	5-18 cm 27 cm 84 cm 90 cm
Blutzellen (Erythrocyten)	6-8 µm	1.773 (2 m Abstand) 1,0-1,4 cm	1,5-2 cm

Annahme einer Grünalge mit 40 µm Durchmesser beträgt rund 7 cm, mit 100 µm Durchmesser etwa 18 cm.

Rote Blutkörperchen (Erythrozyten) sind mit ihren 6–8 µm Durchmesser sehr klein [16]. Mit $b=2$ m erhält man eine Vergrößerung von $V=1773$. Gemessene Durchmesser der Zellenschatten an der Wand lagen zwischen 1,5 und 2 cm. Der theoretische Wert bei Annahme einer Zelle mit 6 µm Durchmesser liegt bei rund 1 cm, mit 8 µm bei etwa 1,4 cm. Weiße Blutkörperchen (Leukozyten) sind etwa 5–20 µm groß, spielen jedoch aufgrund ihrer verschwindend geringen Anzahl keine Rolle in diesem Experiment, sie waren aber erkennbar.

4.1.7 Fazit und Bewertung

Die gemessenen Größen stimmen mit den theoretischen Werten recht gut überein und liegen im berechneten Bereich. Insbesondere beim Blut lagen die gemessenen Werte ein wenig zu hoch. Allerdings sollte man die Messwerte nur als grobe Annäherung sehen, denn bei dieser Methode sind einige Fehlerquellen zu berücksichtigen. Nicht alle Zellen liegen genau in der Mitte des Tropfens, sie sind überall verteilt und bewegen sich durch Strömungskräfte (Konvektion) oder Eigenbewegung im hängenden Tropfen. Der Radius des Tropfens kann variieren, je nach Größe des Tropfens an der Spritzenspitze. Je nach Ausrichtung des Laserstrahls ergeben sich verzerrte bzw. langgestreckte Abbildungen an der Wand. Die Messungenauigkeit beim Ausmessen der Schatten spielt ebenfalls eine Rolle. Daher gelingt mit der „Tropfen-Laser-Methode" keine exakte Wissenschaft, aber dies ist im Rahmen eines solch simplen und doch so verblüffenden Experiments zum einfachen Nachmachen vollkommen ausreichend. Es ist erstaunlich, dass man überhaupt tatsächlich die lebenden Mikroorganismen und Zellen – wenn auch nur als grauschwarze Schatten – sehen kann. Für Schüler:innen wäre es sicherlich ein tolles Erlebnis im Klassenzimmer, wenn es auf der Tafel von Mikroorganismen, Ruderfußkrebsen oder Schleimhautzellen der Mitschüler:innen (oder der Lehrkraft) nur so wimmelt. Also: Lassen Sie es Zuhause – oder wenn Sie eine Biologielehrkraft sind – im Klassenzimmer ordentlich wimmeln an der Wand! So lassen sich Biologie und Physik außerdem wunderbar verbinden.

Zum Schluss noch einige Sicherheitsaspekte

Laserlicht bitte niemals in die Augen leuchten! Nicht gegen Glas, Folien, Spiegel oder reflektierende Oberflächen strahlen! Die Augen am besten durch eine getönte Schutzbrille/Sonnenbrille schützen!

4.1.8 Experiment: Discokugel aus Seifenblasen

Im vorherigen Experiment ging es um optische Effekte in einem Tropfen. Mit einem einfachen Experiment kann man die Brechung bzw. die Reflexion von Licht an sphärischen Oberflächen spektakulär sichtbar machen. Dieses Experiment habe ich erstmals bei der Science Show über Seifenblasen von Herrn Joachim Lerch bei den „Science Days“ im Europa-Park gesehen, der riesige Seifenblasen mit Theaternebel befüllt hat.

Sie brauchen

- Seifenblasen (1 Röhrchen z. B. Pustefix®)
- Rauch einer Zigarette oder Nebel eines elektrischen Verdampfers
- Laserpointer (rot oder grün)
- Dunkelheit

So klappt's

Suchen Sie sich zuerst eine passende Dunkelheit: Keller, Zimmer, Garage, draußen abends, Balkon abends o. ä. Ich empfehle, eine Unterlage aus Pappe auf den Boden zu legen, weil Puste-Seifenblasen ordentlich kleckern. Tipp: Am besten gelingen Seifenblasen draußen, wenn es geregnet hat. Dann ist die Luftfeuchtigkeit sehr hoch und die Blasen halten länger. Bei trockener Luft verdunstet das Wasser der Seifenblase recht schnell, folglich wird die Hülle immer dünner, bis sie schließlich platzt.

Pusten Sie einige Seifenblasen und fangen Sie *eine* Blase mit dem Pusteteil wieder auf. Blasen Sie nun vorsichtig eine kleine Menge Zigarettenrauch oder den Nebel einer E-Dampf-Zigarette in die Seifenblase. Oft gehen diese dabei kaputt, aber bitte nicht entmutigen lassen. Mit etwas Geduld schaffen Sie das. Es muss nicht viel Rauch bzw. Nebel in der Blase sein – ein Hauch von Rauch genügt vollkommen. Licht aus oder den Versuch im Dunkeln durchführen. Leuchten Sie nun mit dem Laserpointer durch die rauchgefüllte Seifenblase. Der Laserstrahl wird sofort sichtbar, weil die Rauch- bzw. Nebelteilchen das Licht reflektieren und streuen (Abb. 4.13).

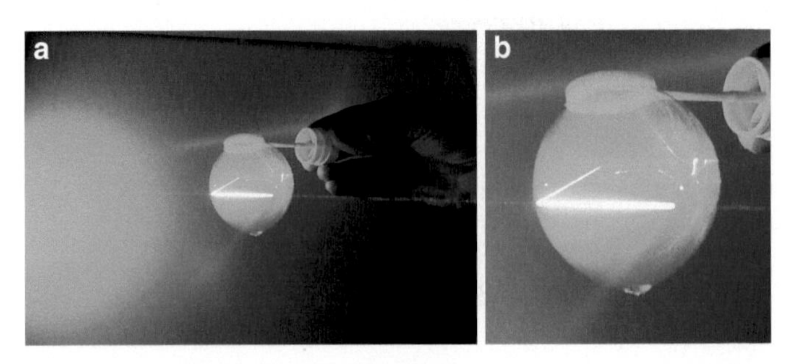

Abb. 4.13 **a** Der Laserstrahl eines grünen Laserpointers schießt durch eine rauchgefüllte Seifenblase. Der Strahl geht von rechts nach links und wird gebrochen, zweifach reflektiert sowie durchgelassen. **b** Detail

Wenn man einen roten und einen grünen Laserstrahl gleichzeitig durch die Seifenblase schickt, mutiert die Seifenblase zu einer von innen beleuchteten Christbaum- oder Discokugel (Abb. 4.14).

Sicherheitsaspekte

Laserlicht bitte niemals in die Augen leuchten! Nicht gegen Glas, Folien, Spiegel oder reflektierende Oberflächen strahlen! Die Augen am besten durch eine getönte Schutzbrille/Sonnenbrille schützen!

Was steckt dahinter?

Wie Abb. 4.13 zeigt, kann man an der Grenzfläche zwischen Luft und Seifenblasenoberfläche sowohl die teilweise Brechung als auch die teilweise Reflexion gut erkennen. Ein Teil des Lichtstrahls erfährt eine zweimalige Reflexion innerhalb der Blase, während der Großteil des Laserlichts die Seifenblase geradlinig passiert, wie am hinteren Leuchtfleck an der Wand zu sehen ist (Abb. 4.13a). Mit zwei verschiedenfarbigen Laserstrahlen erscheinen die optischen Effekte noch spektakulärer (Abb. 4.14).

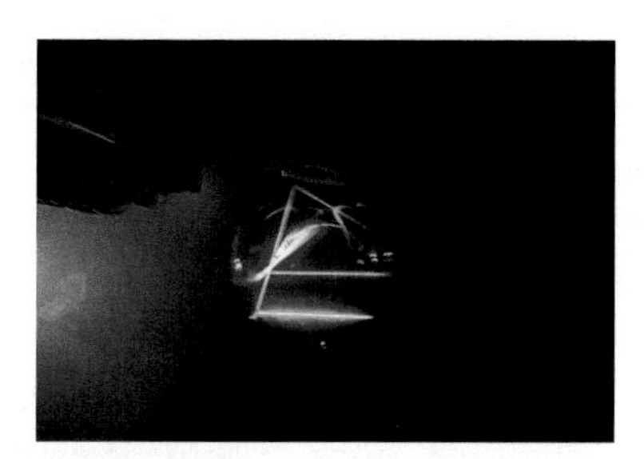

Abb. 4.14 Laserstrahlen eines roten und eines grünen Laserpointers schießen durch eine rauchgefüllte Seifenblase. Die Strahlen gehen von rechts nach links. Die Reflexionen innerhalb der Seifenblase sind deutlich zu sehen und verwandeln die Blase in eine Mini-Discokugel

4.2 Eis-Spielereien im Winter

Es ist eiskalt draußen? Der See, der Bach, die Pfütze sind zugefroren? Dann nichts wie raus und eisig-schöne Experimente durchführen!

4.2.1 Experiment: Disco-Eisscholle

Man nehme eine kleine Eisscholle und einen Laserpointer und schon tanzen die Lichter.

Sie brauchen

- kleine, nicht glasklare Eisscholle (gefrorene Pfütze, gefrorener Teich)
- Laserpointer (rot oder grün)
- Dunkelheit

So klappt's

Warten Sie auf die Dunkelheit. Zum Glück wird es im Winter ja schon ab etwa 16:30 ziemlich dunkel, sodass Sie mit Ihren Kindern nicht bis in die Puppen aufbleiben müssen. Brechen Sie aus einem gefrorenen Gewässer vom Rand eine kleine Eisscholle heraus. Sie sollte etwas „trüb" aussehen und nicht ganz glasklar sein. Für meine Aufnahmen habe ich sowohl Eisschollen aus der Regentonne des Gartens als auch Eisbruchstücke aus einem zugefrorenen See mit ca. 0,5–3 cm Dicke verwendet. Man könnte sich aber auch eine Eisscholle im Gefrierfach des Kühlschranks mit Wasser in einer Schale selbst und unabhängig von nicht vorhandener Kälte herstellen. In der Dunkelheit durchleuchten Sie das Eisstück einfach mit einem Laserpointer. Augenblicklich tanzen die Discolichter auf dem Hintergrund! Bewegen Sie den Laserstrahl hin und her, sodass er verschiedene Stellen der Eisplatte durchleuchtet. Wählen Sie am besten einen ebenen Hintergrund als „Bildschirm". In Abb. 4.15 sind meine Fotos mit unterschiedlichen Eisstücken/Eisschollen zu sehen.

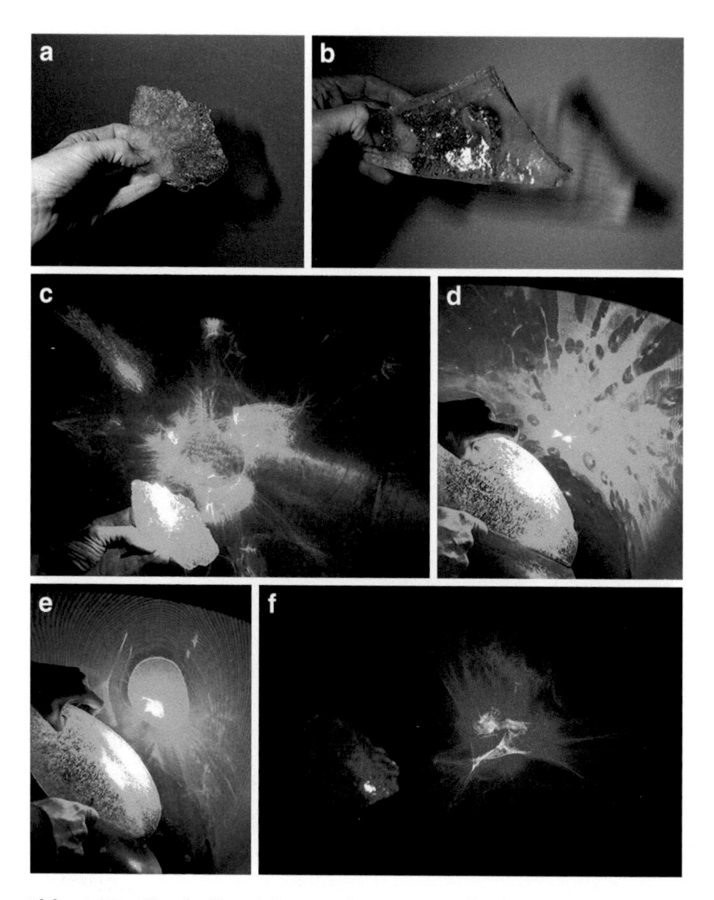

Abb. 4.15 Eisschollen-Disco: **a** Dünne Eisscholle 0,5 cm. **b** Dicke Eisscholle 3 cm. **c–e** Eine kleine und eine große Eisscholle werden mit einem grünen Laserpointer durchleuchtet. **f** Ein Eisstück wird mit rotem Laserlicht durchstrahlt

Sicherheitsaspekte

Laserlicht bitte niemals in die Augen leuchten! Nicht gegen Glas, Folien, Spiegel oder reflektierende Oberflächen strahlen! Die Augen am besten durch eine getönte Schutzbrille/Sonnenbrille schützen!

Was steckt dahinter?

Je „undurchsichtiger" die Eisscholle ist, das heißt, je mehr Gaseinschlüsse und Unregelmäßigkeiten der Eiskristall aufweist, desto schönere Muster ergeben sich. An den unzähligen Gasbläschen, Einschlüssen und Rissen bricht sich der Laserstrahl, wird gestreut und erzeugt somit spektakuläre Muster. Zwei Videos dazu lassen sich unter Abb. 4.16 (roter Laserpointer) und Abb. 4.17 (grüner Laserpointer) abrufen, in denen ich jeweils zwei unterschiedlich dicke Eisschollen eingesetzt habe.

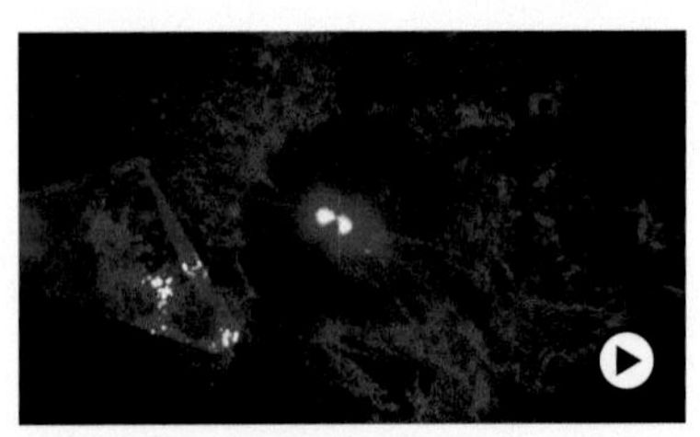

Abb. 4.16 Tanzende, rote Discolichter mit Eis. Das Video zeigt die spektakulären Leuchteffekte, wenn bewegtes, rotes Laserlicht durch eine Eisscholle strahlt. Musik: Milky Way – Ambient Space Music von JuliusH (pixabay). Video Beschreibung: Mit einem roten Laserpointer wird durch eine Eisscholle gestrahlt, wobei auf einer Wand zuckende und explosionsartige Muster zu sehen sind URL: ▸ https://doi.org/10.1007/000-a68

Abb. 4.17 Tanzende, grüne Discolichter mit Eis. Das Video zeigt die spektakulären Leuchteffekte, wenn bewegtes, grünes Laserlicht durch eine Eisscholle strahlt. Musik: Please Calm My Mind von Oleksii Kaplunskyi/Lesfm (pixabay). Video Beschreibung: Mit einem grünen Laserpointer wird durch eine Eisscholle gestrahlt, wobei auf einer Wand zuckende und explosionsartige Muster zu sehen sind URL: ▸ https://doi.org/10.1007/000-a6b

4.2.2 Experiment: Eisdicke messen

Wenn es mal wieder richtig eiskalt gewesen ist mit 10–14 Tagen Minusgraden und die stehenden Gewässer fest zugefroren sind, kann man mithilfe eines Laserpointers ganz leicht die Dicke des Eises abschätzen. Laut DLRG sollte man das Eis erst ab einer Dicke von 15 cm betreten.

Warnung des DLRGs: Niemals alleine aufs Eis gehen und Kinder nur in Begleitung eines Erwachsenen!

Sie brauchen

- zugefrorener See, Teich, Weiher, … Gewässer
- Laserpointer (rot oder grün)
- Dunkelheit

So klappt's

Vom Ufer aus leuchten Sie bei annähernder Dunkelheit ab spätem Nachmittag mit einem Laserpointer möglichst senkrecht oder mit mind. 45° durch das Eis. Sie sollten eine Oberfläche wählen, die das klare Eis zeigt, sodass der Laserstrahl ungehindert bis zum Grund durchkommt. Die Eintrittsstelle des Strahls verrät sich durch eine kleine Streuung um den Strahl herum. Das gebündelte Laserlicht wird im klaren Eis nicht gestreut. Erst beim Austritt unter Wasser wird der Strahl breiter und leuchtender. Durch diesen Unterschied kann man die Schichtdicke des Eises in etwa abschätzen. Abb. 4.18 zeigt „Messungen" mit einem grünen und einem roten Laserpointer sowie eine Nahaufnahme. Die geschätzte Eisdicke beträgt hier etwa 5 cm.

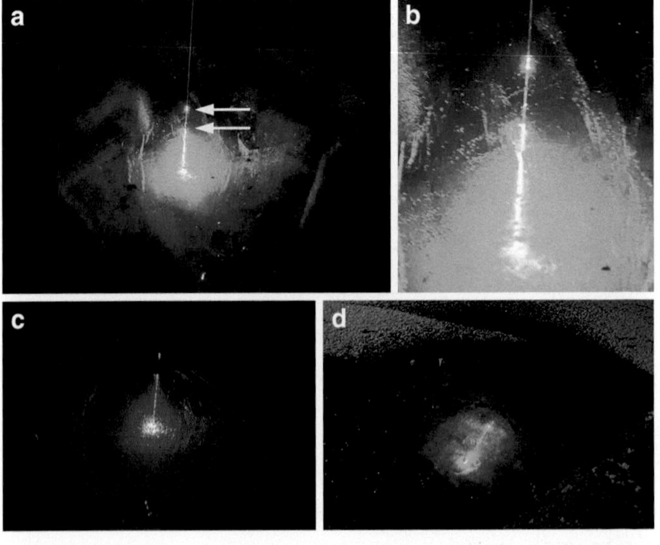

Abb. 4.18 Messung der Eisdicke eines zugefrorenen Teiches mit **a** einem grünen und **c** roten Laserpointer. Der klare Bereich zwischen Eintritts- und Austrittsstelle des Laserstrahls entspricht der Dicke des Eises. Hier: ca. 5 cm. **b** Nahaufnahme von **a**. **d** Messung an einem anderen Wintertag. Dicke des Eises: ca. 3 cm

Sicherheitsaspekte

Laserlicht bitte niemals in die Augen leuchten! Nicht gegen Glas, Folien, Spiegel oder reflektierende Oberflächen strahlen! Die Augen am besten durch eine getönte Schutzbrille/Sonnenbrille schützen!

Was steckt dahinter?

Im klaren Eis wird der kohärente Laserstrahl nicht gestreut und gelangt ungehindert durch den Kristall. Beim Austritt aus dem Eis unter Wasser trifft das Laserlicht jedoch auf winzige Schwebeteilchen, die zur Streuung und somit zum „Aufleuchten" des Strahls führen. Es sieht beinahe aus wie ein Laserschwert. An der Eintrittsstelle auf der Eisoberfläche kommt es ebenfalls zu einer winzigen Streuung bzw. Brechung aufgrund der unterschiedlichen Medien Luft und Eis. Wenn man genau hinschaut, sind zwei Streupunkte erkennbar, weil sich zwischen der Luft und der Eisoberfläche noch etwas Wasser als drittes Medium befindet, das sich aufgrund milder Temperaturen gebildet hat.

4.2.3 Experiment: Bing-Kling-Titscher-Titscher-Dirr

Vielleicht kennen Sie dieses Experiment bereits aus eigener Erfahrung mit ihren Kindern oder sogar selbst als Kind? Wirft man Eisstücke oder Steine auf die Oberfläche eines zugefrorenen Gewässers, ertönen diese typischen „Ditscheredirr"-Geräusche, die sich anhören wie Laserkanonen von Science-Fiction-Raumschiffen oder Laserschwerter bei Star Wars. Durch die geringe Reibung sausen die „Wurfgeschosse“ ewig weit. Schon Christian Morgenstern (1871–1914) wusste davon und hat es in seinem Kindergedicht „Wenn es Winter wird“ sehr treffend formuliert [24]:

„Der See hat eine Haut bekommen,
sodass man fast drauf gehen kann,
und kommt ein großer Fisch geschwommen,
so stößt er mit der Nase an.

Und nimmst du einen Kieselstein
und wirfst ihn drauf, so macht es klirr
und titscher – titscher – titscher – dirr …
Heißa, Du lustiger Kieselstein!

Er zwitschert wie ein Vögelein
und tut als wie ein Schwälblein fliegen -
doch endlich bleibt mein Kieselstein
ganz weit, ganz weit auf dem See draußen liegen.“

Sie brauchen

- gefrorenes, stehendes Gewässer (See, Teich)
- (kleine und größere) Eisschollen, Eiswürfel oder Steine

So klappt's

Brechen Sie verschieden große Eisstücke/Eisschollen aus dem gefrorenen Uferbereich eines Sees. Diese flachen Schollen sausen besonders weit! Falls das Eis zu dick ist, nehmen Sie sich einfach einige Eiswürfel von Zuhause in einer Tüte mit. Bei äußerlichen Minusgraden werden diese nicht schmelzen. Mit Steinen klappt es auch prima, wie von Christian Morgenstern im zitierten Gedicht beschrieben. In flachem Winkel schleudert man nun die Wurfstücke „mit Schmackes“ auf die gefrorene Eisfläche. Die Teile sausen über die glatte Oberfläche und erzeugen den charakteristischen Sound. Das finde ich auch heute als Erwachsener immer noch toll! Je größer der See, desto effektvoller der „Gesang“. Werfen Sie mehrere Eiswürfel gleichzeitig auf die Eisfläche! Aus dem Gesang wird eine kleine Sinfonie: The Sound of (S)**i**(len)**ce**.

Was steckt dahinter?

Die glatten Oberflächen eines gefrorenen Sees und einer geworfenen Eisscholle erfahren nur wenig Reibungskräfte, sodass die Wurfstücke fast ungebremst eine weite Strecke über das Eis gleiten. Selbst raue Steine titschen weit hinaus. Während des Gleitens über die Eisfläche werden hörbare Schallwellen im hohen Frequenzbereich erzeugt, die wir als ungewohnt und besonders empfinden [20]. Normalerweise ist der hörbare Schall ein wirrer Mix aus einer Vielzahl unterschiedlicher Schallwellen bzw. Frequenzen in allen Höhen und Tiefen [21]. Diesen Schallwellen-Mix überträgt die Luft mit rund 330 m/s in unser Ohr [21]. Soweit, so bekannt. Aber: Durch feste Materie wie Eis bewegen sich hohe Frequenzen, also hohe Töne schneller als tiefe Töne [22]. Als Folge davon trennen sich die Schallwellen auf, und zwar je stärker, je länger das Wurfstück auf dem Eis unterwegs ist. Je größer der zugefrorene See, desto eindrücklicher ist der Effekt. Die hohen Schallwellen rasen den tieferen Tönen davon, sodass das akustische Geräusch auseinandergezogen wird. Wie bei einem Radrennen, wo sich plötzlich die schnellsten Sprinter vom Rest des langsameren Feldes absetzen und davoneilen. In der Physik nennt man diesen Effekt akustische Dispersion [20]. Als Dispersion bezeichnet man die Abhängigkeit der Ausbreitungsgeschwindigkeit von der Frequenz von Licht- oder Schallwellen [22, 23]. Die Aufspaltung des Lichts in einem Prisma oder in Regentropfen in die Regenbogenfarben ist solch ein Dispersionseffekt. Normalerweise ist die Ausbreitungsgeschwindigkeit von Schallwellen zwar abhängig vom Medium, jedoch nicht von der Frequenz.

Aber das „fest-fluide“ Oberflächeneis verhält sich ausnahmsweise dispersiv, weil es in gewissen Grenzen gedehnt und gestaucht werden kann [20]. Übrigens: Jedes Gewässer hat – abhängig von der Eisdicke – seine individuelle Tonhöhe, die sich als hörbarer Schall durchsetzt. Je dünner das Eis, desto höher der Ton. Eine Eisdecke von 10 cm und weniger ist prima zu „hören“. Dickes Eis über 15 cm klingt deutlich tiefer und undramatischer [20].

Hintergrund

Schallgeschwindigkeit

- in Luft (20 °C): ca. 340 m/s
- in Wasser (20 °C): ca. 1400 m/s
- in Eis (–4 °C): ca. 3200 m/s
- in Stahl (20 °C): ca. 5100 m/s

Literatur

1. M. T. Madigan, J. M. Martinko, D. A. Stahl und D. P. Clark, *Brock Mikrobiologie kompakt,* 13., aktualisierte Aufl., Pearson Verlag Deutschland, München, **2015**, S. 13–30.
2. A. Korn-Müller und P. Eimer, *Was dein Körper alles kann*, Fischer Sauerländer Verlag, Frankfurt, **2016**, S. 34.
3. B. P. Kremer, *Mikroskopieren – Ganz Einfach*, 1. Aufl., Franckh-Kosmos Verlag, Stuttgart, **2021**, S. 76–79.
4. http://www.rs-pfiffelbach.de/pdf/Aufgaben/Bio7_4.pdf (Stand: 01.08.2023)
5. *Biosphäre*, Band 6 Gymnasium Sachsen, 11. Aufl. (Hrsg.: A. Goldberg), Cornelsen Verlag, Berlin, **2021**, S. 154.
6. L. Urry, M. Cain, S. Wasserman, P. Minorsky und J. Reece, M., *Campbell Biologie*, 11. aktualisierte Aufl., Pearson Verlag Deutschland, München, **2019**, S. 807.

7. M. T. Madigan, J. M. Martinko, D. A. Stahl und D. P. Clark, *Brock Mikrobiologie kompakt,* 13., aktualisierte Aufl., Pearson Verlag Deutschland, München, **2015**, S. 549–552.
8. H. Streble, D. Krauter und A. Bäuerle, *Das Leben im Wassertropfen*, 13., überarbeitete Aufl., Franckh-Kosmos Verlag, Stuttgart, **2017**.
9. B. P. Kremer, *Mikroskopieren – Ganz Einfach*, 1. Aufl., Franckh-Kosmos Verlag, Stuttgart, **2021**, S. 100–105.
10. H. Streble, D. Krauter und A. Bäuerle, *Das Leben im Wassertropfen*, 13., überarbeitete Aufl., Franckh-Kosmos Verlag, Stuttgart, **2017**, S. 174–175.
11. B. P. Kremer, *Mikroskopieren – Ganz Einfach*, 1. Aufl., Franckh-Kosmos Verlag, Stuttgart, **2021**, S. 104.
12. H. Streble, D. Krauter und A. Bäuerle, *Das Leben im Wassertropfen*, 13., überarbeitete Aufl., Franckh-Kosmos Verlag, Stuttgart, **2017**, S. 55–58 und 216–241.
13. H. Streble, D. Krauter und A. Bäuerle, *Das Leben im Wassertropfen*, 13., überarbeitete Aufl., Franckh-Kosmos Verlag, Stuttgart, **2017**, S. 65–67 und 254–273.
14. V. Storch und U. Welsch, *Kurzes Lehrbuch der Zoologie*, 8., neu bearbeitete Aufl., Springer Spektrum Verlag, Berlin Heidelberg, **2012**, S. 527–528.
15. H. Streble, D. Krauter und A. Bäuerle, *Das Leben im Wassertropfen*, 13., überarbeitete Aufl., Franckh-Kosmos Verlag, Stuttgart, **2017**, S. 292–293.
16. K. Kunsch, *Der Mensch in Zahlen*, 1. Aufl., Gustav Fischer Verlag, Stuttgart, **1997**, S. 46–47.
17. P. A. Tipler und G. Mosca, *Physik*, 8. Aufl. (Hrsg.: P. Kersten und J. Wagner), Springer Spektrum Verlag, Berlin, **2019**, S. 1031–1071.
18. H. Bannwarth, B. P. Kremer und A. Schulz, *Basiswissen Physik, Chemie und Biochemie*, 4., aktualisierte Aufl., Springer Spektrum Verlag, Berlin, **2019**, S. 127–132.
19. https://de.wikipedia.org/wiki/Tropfen (Stand: 01.08.2023)
20. H. J. Schlichting, *Zwitschern auf dünnem Eis*, Spektrum der Wissenschaft, **2019**, 12, 72–73.

21. H. Bannwarth, B. P. Kremer und A. Schulz, *Basiswissen Physik, Chemie und Biochemie*, 4., aktualisierte Aufl., Springer Spektrum Verlag, Berlin, **2019**, S. 62–64.
22. P. A. Tipler und G. Mosca, *Physik*, 8. Aufl. (Hrsg.: P. Kersten und J. Wagner), Springer Spektrum Verlag, Berlin, **2019**, S. 521–522.
23. W. Demtröder, *Experimentalphysik 1*, 9. Aufl., Springer Spektrum Verlag, Berlin, **2021**, S. 396–397.
24. Christian Morgenstern, *Wenn es Winter wird*, 3. Aufl., Hase und Igel Verlag, Garching b. München, **2013**.

5

Mit der UV-Lampe auf Spurensuche – ein Leuchtspektakel

Zusammenfassung Ich hätte es nicht für möglich gehalten, was in der Natur im UV-Licht alles so farbenfroh leuchtet bzw. fluoresziert. Sie sollten sich unbedingt eine UV-Taschenlampe zulegen und dann draußen in der Natur oder im Urlaub damit herumleuchten. Sie werden Ihr buntes Wunder erleben! Leuchten Sie im Garten, im Wald, im Park, bestrahlen Sie Gemüse, Pflanzen, Moose, Flechten, Pilze, Steine, Mineralien, Spinnen und Asseln. Ein leuchtendes Gemüse-Smiley oder eine Grusel-Paprika? Mit UV-Licht kein Problem! Sogar Müllabfälle lassen sich in der Natur aufspüren, und LED-Leuchten glühen magisch auf. Was die Meeresstrände der Nord- und Ostsee an Farben-

Ergänzende Information Die elektronische Version dieses Kapitels enthält Zusatzmaterial, auf das über folgenden Link zugegriffen werden kann https://doi.org/10.1007/978-3-662-67398-0_5. Die Videos lassen sich durch Anklicken des DOI Links in der Legende einer entsprechenden Abbildung abspielen, oder indem Sie diesen Link mit der SN More Media App scannen.

A. Korn-Müller, *Der Natur auf der Spur*,
https://doi.org/10.1007/978-3-662-67398-0_5

pracht zu bieten haben, erfahren Sie im Abschn. 6.2 beim Thema „nächtliches Farbspektakel am Strand".

Aus meiner Erfahrung eignet sich eine UV-Taschenlampe mit einer Wellenlänge von 365 nm (UV A) am besten (Beispiel: Alonefire X901UV 365 nm UV Taschenlampe, Bezug: Amazon, ca. 35 €). Sie ist zuverlässig, langlebig und via USB aufladbar. Auf allen meinen Reisen habe ich diese UV-Lampe immer mit dabei.

5.1 Mit der UV-Lampe im Gemüsebeet und in der Küche

Obwohl Gras und viele andere Grünpflanzen durch Bestrahlung mit weißem oder blauem Licht im Dunkeln für unser Auge nicht erkennbar rot leuchten, sieht das bei UV-Licht ganz anders aus. In Abschn. 2.1.5 erläutere ich die rote Fluoreszenz des grünen Blattfarbstoffs Chlorophyll [1, 2]. Eine Chlorophylllösung leuchtet bei Bestrahlung mit weißem Licht rot. Ein mit weißem Licht bestrahltes grünes Blatt, eine Wiese oder grünes Gemüse fluoreszieren jedoch nicht rot. Aber: Die Bestrahlung mit *UV-Licht* erzeugt dennoch ein Fluoreszenzleuchten, wie es in Abb. 5.1a grafisch dargestellt ist.

UV-Licht hat sehr viel mehr Energie als blaues, grünes oder rotes Licht. Das weiße Licht, das wir sehen und das sich aus den Spektralfarben zusammensetzt, erstreckt sich mit Wellenlängen von etwa 750 nm bis rund 380 nm (nm = Nanometer). UV-Licht hat eine kürzere Wellenlänge als blaues Licht und wird in drei Kategorien unterteilt (Abb. 5.1b). UV-A-Strahlung reicht von 380 bis 315 nm und UV-B-Licht von 315 bis 280 nm [3, 4]. 100 nm kürzere Wellenlänge als blaues Licht hört sich nach nicht viel an, aber spätestens beim Sonnenbaden

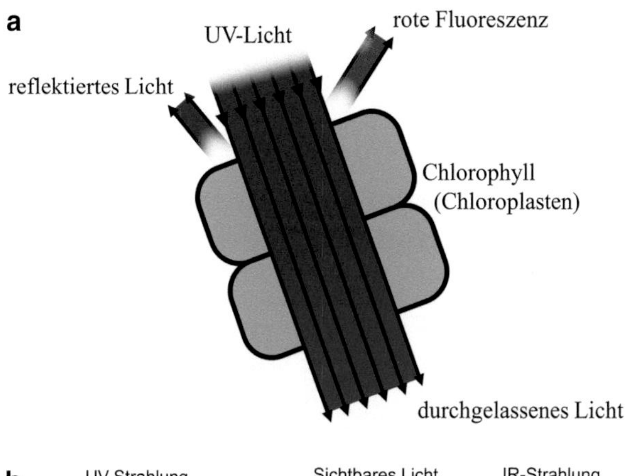

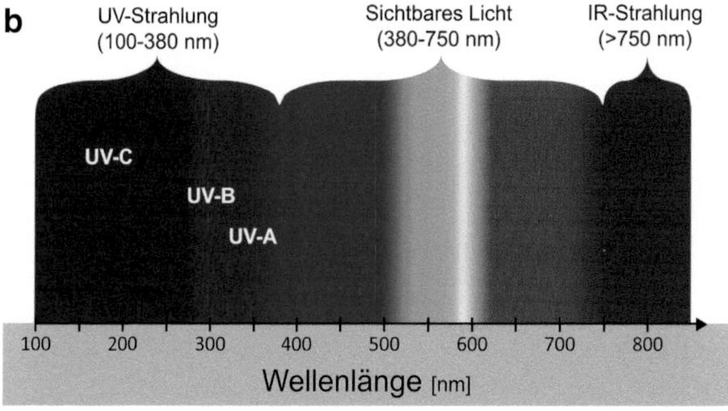

Abb. 5.1 Lichtweg von UV-Strahlung durch eine grüne Pflanze bzw. Chlorophyll mit Ausbildung einer roten Fluoreszenz oder einer Reflexion. **(a)** Grafik: Melvin Müller. **(b)** Spektrum des Lichts

merken Sie, wie schnell UV-B-Strahlung einen Sonnenbrand auslösen kann. Weißes oder blaues Licht dagegen nicht. Denken Sie bitte immer daran: Je kürzer die Wellenlänge, desto mehr Energie steckt in der Lichtwelle [5]. UV-C-Strahlung (218–100 nm) ist noch energiereicher, wird aber zum Glück komplett von der Atmosphäre absorbiert [3, 4]. Beleuchtet man nun eine Pflanze mit reinem UV-Licht, erhält sie ein „Zuviel" an Licht mit kurzer Wellenlänge. Diese „Überdosis" an

Lichtenergie wird die bestrahlte Pflanze durch Abstrahlung von Licht, sprich: Fluoreszenzbildung schnell und unkompliziert wieder los.

5.1.1 Experiment: Das rosarote Leuchten der Zucchini und des Feldsalats

Sie brauchen

- 1 Zucchini
- eine Handvoll Feldsalat
- Messer
- UV-Taschenlampe (365 nm)

So klappt's

Beleuchten Sie eine Zucchini mit weißem Licht. Sie sieht dunkelgrün aus. Verdunkeln Sie nun den Raum oder warten draußen die Dunkelheit ab auf der Terrasse oder dem Balkon und bestrahlen Sie die Zucchini mit UV-Licht. Die grüne Oberfläche leuchtet blutrot (Abb. 5.2).

Schneiden Sie eine Zucchini quer durch und beleuchten Sie den Querschnitt mit UV-Licht. Ein fantastisch anmutender rosaroter Ring erstrahlt (Abb. 5.3).

Wenn man Feldsalat mit UV-Licht bestrahlt, leuchten dessen Blätter in tiefem Rot (Abb. 5.4).

Was steckt dahinter?

Das rote Leuchten beruht auf der roten Fluoreszenz des grünen Farbstoffs Chlorophyll (s. Abschn. 2.1.5). In den dunkelgrünen Salatblättern und in der Zucchinischale ist

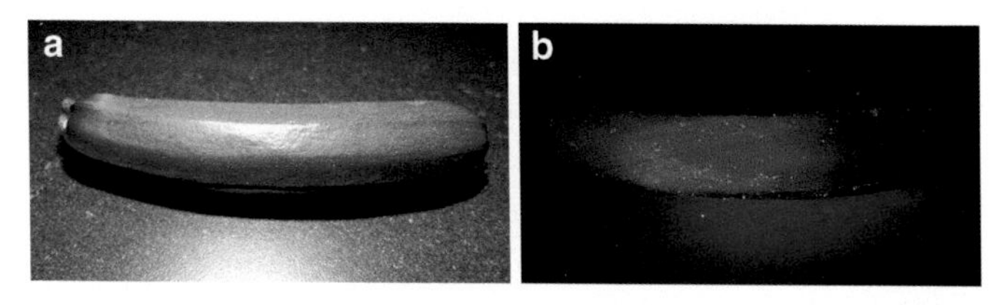

Abb. 5.2 Eine Zucchini beleuchtet **a** mit weißem Licht und **b** mit UV-Licht

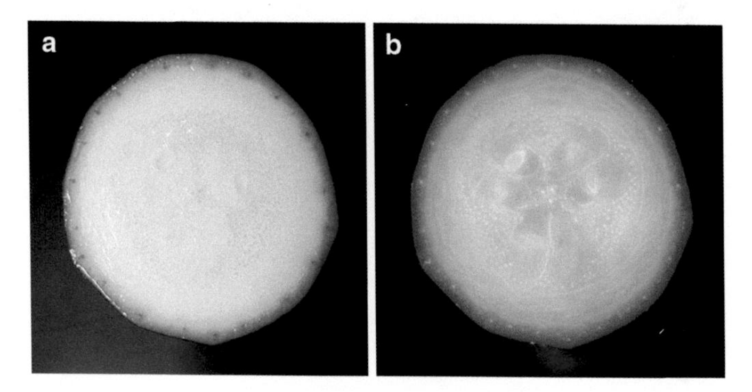

Abb. 5.3 Eine aufgeschnittene Zucchini bestrahlt **a** mit weißem Licht und **b** mit UV-Licht

Abb. 5.4 Feldsalat angeleuchtet **a** mit weißem Licht und **b** mit UV-Licht

eine große Menge Chlorophyll enthalten. Zudem sind die Blätter des Feldsalats relativ dünn. Weißes und blaues Licht sind zu schwach, um die für unser Auge sichtbare Fluoreszenz anzuregen. Aber UV-A-Licht der Wellenlänge 365 nm ist stark und energiereich genug, um die Chlorophyllmoleküle zu aktivieren und sie so zur roten Lichtabstrahlung zu „zwingen".

5.1.2 Experiment: Gemüse-Smiley

Sie brauchen

- 1 Zucchini
- 1 grüne Paprika
- etwas Sternmoos
- Messer
- UV-Taschenlampe (365 nm)

So klappt's
Von der Zucchini schneidet man eine Scheibe ab und aus der grünen Paprika wird ein Smiley-Mund ausgeschnitten. Mund auf Scheibe legen. Zwei kleine Sternmoospflänzchen dienen als Augen mit Wimpern. Fertig ist das Gemüse-Smiley (Abb. 5.5). Ihrer Kreativität sind keine Grenzen gesetzt!

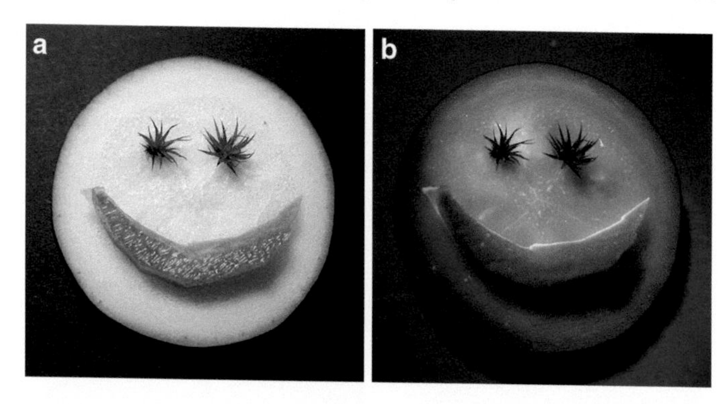

Abb. 5.5 Gemüse-Smiley aus Zucchini. Paprika und Moos bestrahlt **a** mit weißem Licht und **b** mit UV-Licht

5.1.3 Experiment: Grüne Paprika – außen pfui, innen hui

Sie brauchen

- 1 grüne Paprika
- Messer
- UV-Taschenlampe (365 nm)

So klappt's

Beleuchten Sie eine grüne Paprikaschote mit weißem Licht. Sie sieht dunkelgrün aus. Verdunkeln Sie nun den Raum oder warten draußen auf der Terrasse oder dem Balkon die Dunkelheit ab und bestrahlen Sie die Paprika mit der UV-Lampe. Im Gegensatz zur Zucchini leuchtet die grüne Oberfläche nicht rot, sondern reflektiert das

UV-Licht nur (Abb. 5.6). Schade! Was ist denn hier los? Warum kein rotes Leuchten?

Halbieren Sie nun die Paprika und beleuchten Sie die Hälften auf der Innenseite. Abb. 5.7 zeigt das spektakuläre Ergebnis. Sieht fast aus wie der Querschnitt eines Herzens.

Abb. 5.6 Eine grüne Paprika bestrahlt **a** mit weißem Licht und **b** mit UV-Licht

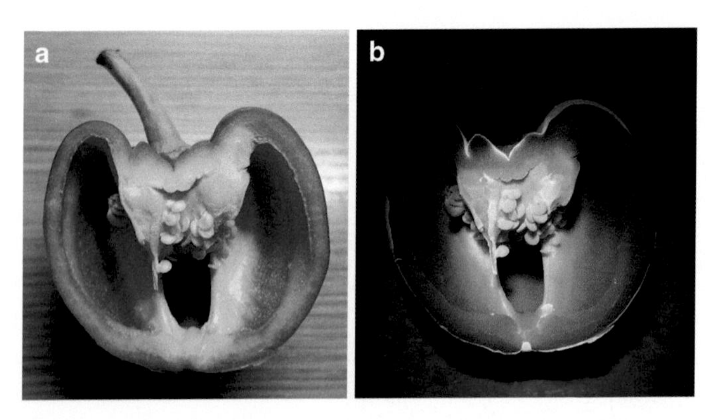

Abb. 5.7 Eine halbierte grüne Paprika beleuchtet mit **a** weißem Licht und **b** mit UV-Licht

Was steckt dahinter?

Die Beschaffenheit der äußeren Schalenschicht (Exocarp) der Paprika ist recht hart und glatt wie eine Wachsschicht. Das merken Sie auch beim Verspeisen von Paprikaspalten, weshalb manche Genießer ihre Paprikaschoten schälen. Das UV-Licht kann nicht durch die Schale eindringen und wird nur reflektiert. Daher sieht die bestrahlte Schote in Abb. 5.6 blauviolett aus. Es kommt zu keinem Fluoreszenzleuchten.

Diesen Umstand kann man allerdings auch für einen kreativ-gruseligen Spaß für Halloween nutzen, und zwar ohne einen riesigen, schweren Kürbis, sondern mit einer handlichen und schmackhaften grünen Paprika.

5.1.4 Experiment: Grusel-Paprika

Sie brauchen

- 1 grüne Paprika
- Messer oder Hautkürette (Amazon, Apotheke)
- UV-Taschenlampe (365 nm)

So klappt's

Schnitzen Sie am besten mithilfe einer Hautkürette eine Halloween-Fratze in die Oberfläche der Paprika, indem Sie die äußere „Schale" der grünen Schote bis zum Fruchtfleisch abschaben. Der scharfe Ring einer Kürette ist dafür optimal geeignet. Das Schnitzkunstwerk sollte man noch kurz mit einem Küchenpapiertuch abwischen – fertig. Licht aus, UV-Lampe an! Das Geschnitzte leuchtet blutrot und sieht richtig gruselig aus, zumal die restliche Paprika in fahlem Blau erscheint (Abb. 5.8). Halloween kann kommen. Danach kann man die Vitamin-C-reiche

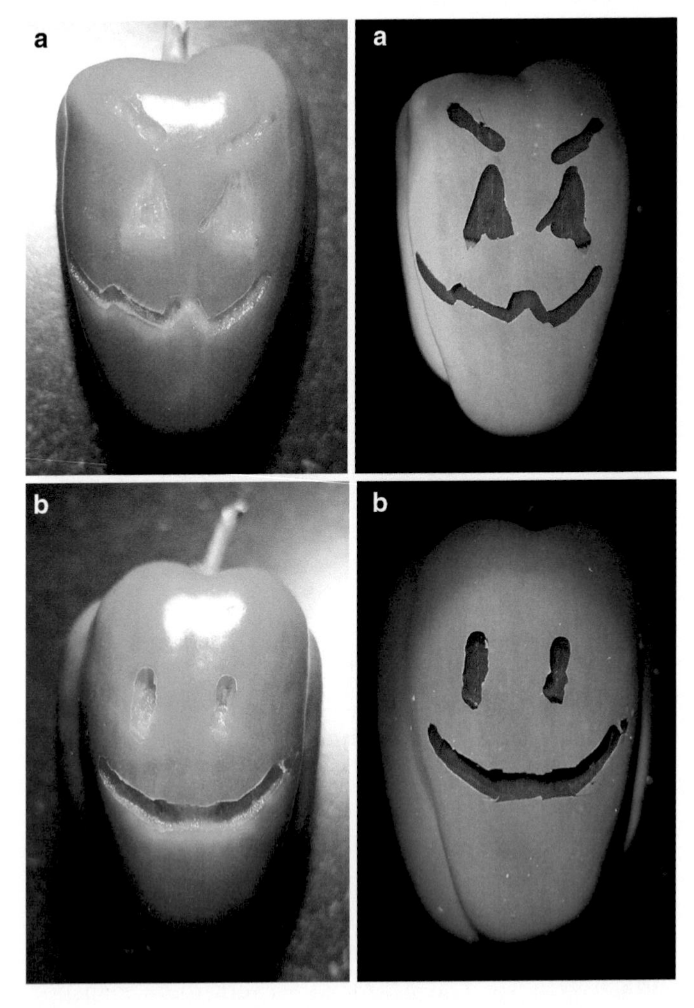

Abb. 5.8 a Gruselige Halloween-Fratze und **b** Smiley in Paprika geschabt und bestrahlt mit weißem Licht (links) und mit UV-Licht (rechts)

Grusel-Schote als gesunden Gemüsesnack auch noch verzehren.

Ein „Making-of-Video" zur Grusel-Paprika können Sie sich anschauen, indem Sie die URL in Abb. 5.9 mit Ihrem Smartphone einscannen. Darin wird gezeigt, wie ich mithilfe einer Kürette eine grüne Paprika in eine „Frankenstein-Fratze" verwandle.

Probieren Sie auch andere Gemüsesorten und Grünpflanzen aus! Nicht alle grünen Blätter fluoreszieren gleich stark. Es gibt deutliche Unterschiede. Während u. a. Salatblätter, Gurken und Zucchini intensiv rot leuchten, zeigen beispielsweise Tulpenblätter, Gräser und Nadelbäume nur eine schwach rote Fluoreszenz. Bei einem beleuchteten Efeu-, (jungen) Kirschlorbeer-, Salbei- oder Ilexblatt ist mit bloßem Auge so gut wie keine rote Fluoreszenz erkennbar. Das liegt vermutlich an der Beschaffenheit und dem Aufbau der Blattoberfläche. Die rote Fluoreszenz von Blättern bei UV-Bestrahlung wird übrigens auch zur Bestimmung des „Gesundheitsstatus" der betreffenden Pflanze verwendet (s. Abschn. 2.1.5).

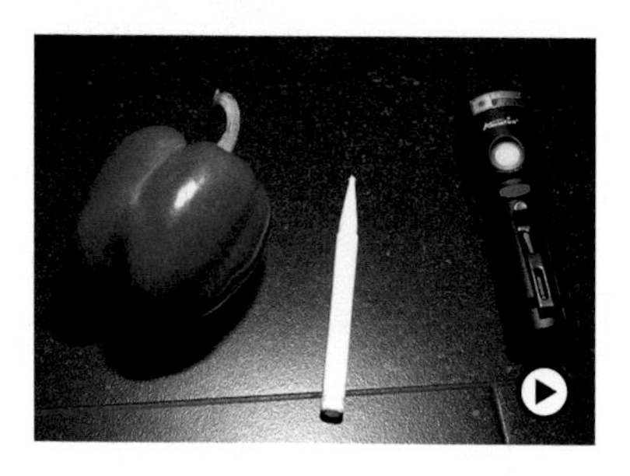

Abb. 5.9 „Making-of" Grusel-Paprika: Das Video zeigt die Umwandlung einer grünen Paprika in eine „Frankenstein-Fratze". Musik: Halloween von Hot Music (pixabay). Video Beschreibung: Mit einer Kürette wird ein Gesicht in eine grüne Paprika geschnitzt, das im UV-Licht rot fluoresziert URL: ▸https://doi.org/10.1007/000-a6c

5.1.5 Experiment: Strahlende Kiwi

Sie brauchen

- 1 Kiwi (grüne Variante, nicht die goldene)
- Messer
- UV-Taschenlampe (365 nm)

So klappt's

Halbieren Sie die Kiwi und schalten Sie im Dunkeln die UV-Lampe an. Sieht ein bisschen aus wie eine explodierende Supernova (Abb. 5.10).

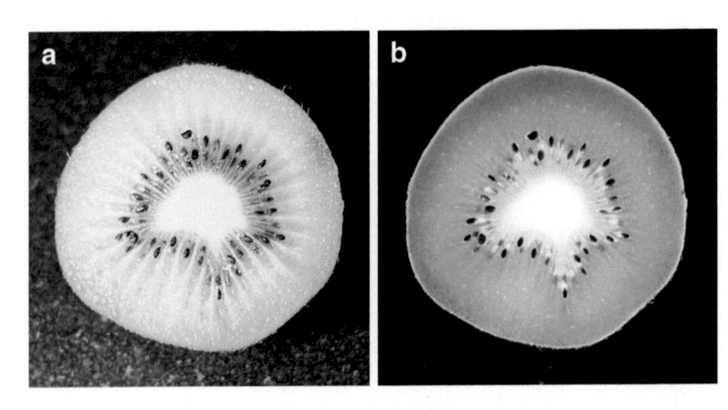

Abb. 5.10 Halbierte Kiwi **a** beleuchtet mit weißem Licht und **b** mit UV-Licht

5.1.6 Experiment: Sonnenuntergang mit Kiwi & Co.

Sie brauchen

- 1 Kiwi (grüne Variante, nicht die goldene)
- etwas Sternmoos
- einige Stückchen Gelbflechte
- Messer
- UV-Taschenlampe (365 nm)

So klappt's

Man schneidet aus der Mitte einer Kiwi eine Scheibe ab und halbiert sie. Diese fungiert als am Meereshorizont untergehende Sonne. Einige Sternmoos-Pflänzchen dienen als Wölkchen und Gelbflechtenkrusten drapiert man als Meereswellen. Licht aus – Sonnenuntergang an! (Abb. 5.11).

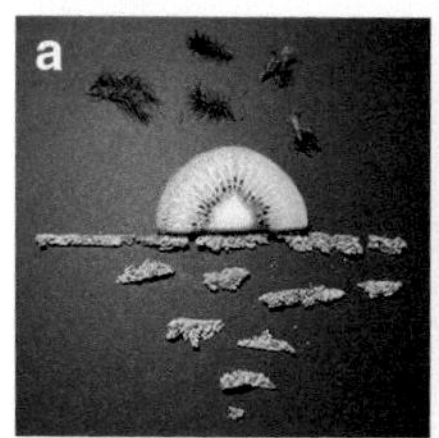

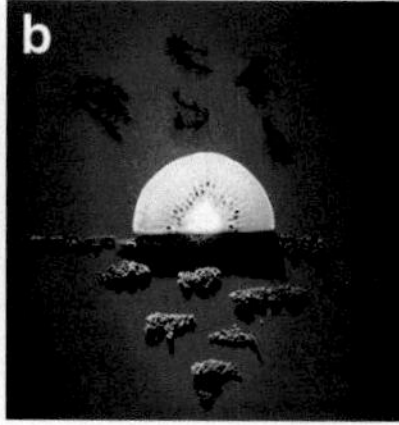

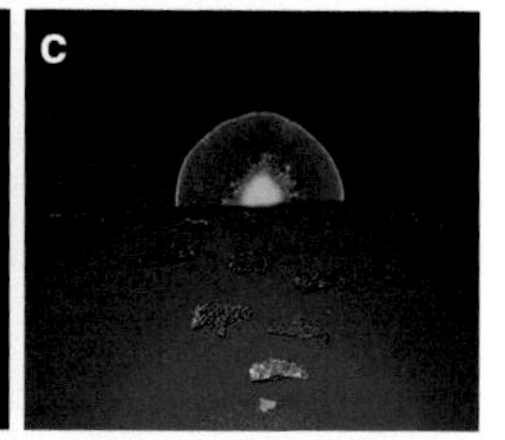

Abb. 5.11 Sonnenuntergangsszenario im Meer aus halbierter Kiwischeibe, Sternmoos als Wölkchen und Gelbflechten als Wellen **a** bestrahlt mit weißem Licht und **b, c** mit UV-Licht

5.1.7 Experiment: Ei, was leuchtest du so rot?

  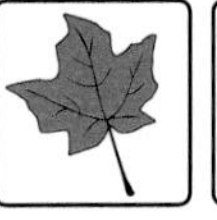 

Sie brauchen

- braune Eier
- UV-Taschenlampe (365 nm)

So klappt's

Beleuchtet man braune Eier im Dunkeln mit UV-Licht, zeigt sich eine rote Fluoreszenz (Abb. 5.12).

Was steckt dahinter?

Die braune Eierschale enthält u. a. Protoporphyrin IX (Ooporphyrin), das bei UV-Bestrahlung rot fluoresziert. Wie beim Chlorophyll bildet ein Porphyrinmolekül das Grundgerüst [6, 7].

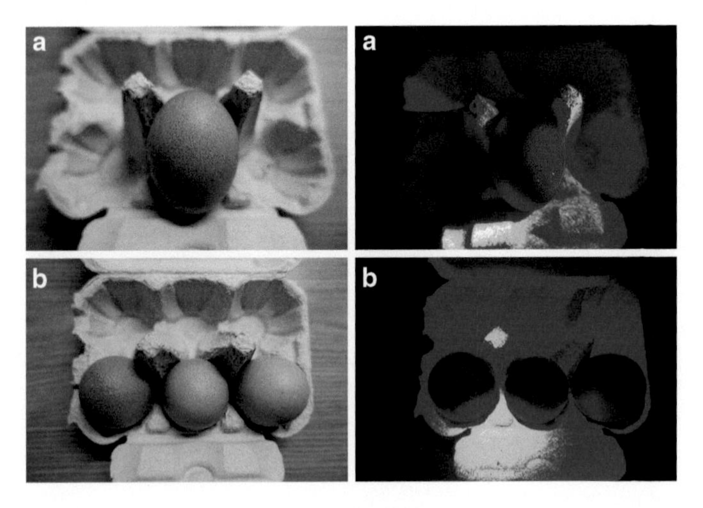

Abb. 5.12 **a, b** Braune Eier angeleuchtet mit weißem Licht (links) und mit UV-Licht (rechts)

5.2 Mit der UV-Lampe im Grünen, im Wald, am Fluss

Im Wald gibt es mit einer UV-Lampe so viel zu entdecken und zu bestaunen – man sieht die Natur wortwörtlich in einem anderen Licht [8, 9]. Moose, Pilze, Steine, Insekten, aber auch Müll stechen leuchtend hervor. Hier stelle ich Ihnen einige Beispiele von meinen Exkursionen vor. Entweder Sie merken sich bei Tageslicht die interessanten Stellen und beleuchten diese dann abends mit UV-Licht oder Sie ziehen mit der UV-Lampe „bewaffnet" einfach drauf los, um bei Dämmerung bzw. Dunkelheit wahllos umher zu leuchten. Meistens entdeckt man allerlei Leuchterei. Vergessen Sie aber bitte nicht, noch eine weiße LED-Lampe bzw. Ihr Smartphone mitzunehmen, damit Sie wissen, wo sie hinlaufen und vor allem auch sehen, was hier und dort fluoresziert. Aus meiner Erfahrung lassen sich die meisten Leuchtphänomene bereits in der Dämmerung gut erkennen. Es muss nicht immer stockduster draußen sein.

5.2.1 Experiment: Ohne Moos nix (rot) los

Sie brauchen

- Moospflanzen im Wald, im Park
- UV-Taschenlampe (365 nm)
- LED-Lampe

So klappt's

Falls Sie tagsüber schöne Moosflächen im Wald entdecken, dann merken Sie sich die Stellen. Bei Dämmerung oder bei Dunkelheit kommen Sie zurück an diesen Standort und lassen das Moos schön rot leuchten. Abb. 5.13a zeigt ein Sternmoos-Kissen im Schwarzwald. Bei gleichzeitiger Beleuchtung mit weißem und mit UV-Licht kann

Abb. 5.13 **a** Schwanenhals-Sternmoos (*Mnium hornum*) im Schwarzwald bestrahlt mit weißem Licht (links) und mit UV-Licht (rechts). **b** Gleichzeitige Beleuchtung von Sternmoos mit weißem und mit UV-Licht. Der Übergang von Grün zu Rot ist fließend

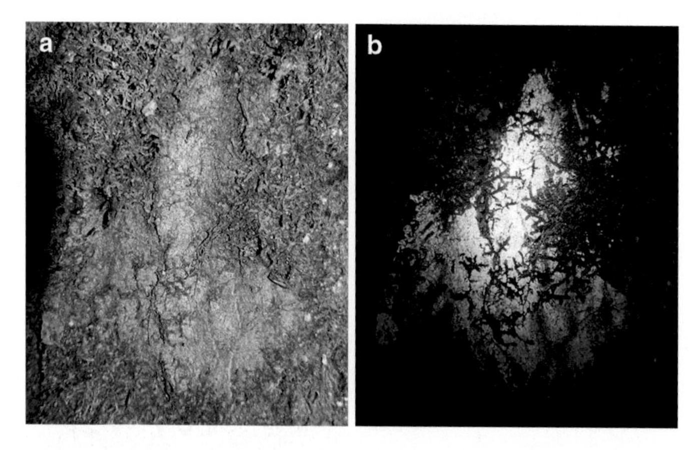

Abb. 5.14 Moos an einem Baumstumpf im Englischen Garten München bestrahlt **a** mit weißem Licht und **b** mit UV-Licht

man schön den Übergang von Grün zu Rot erkennen (Abb. 5.13b). In Abb. 5.14 sieht man einen silbrigblau glänzenden Baumstumpf, der mit Moos umwachsen ist. Entdeckt habe ich ihn im Englischen Garten in München. Sieht ein bisschen aus wie Blutgefäße um ein Organ herum.

5.2.2 Experiment: Pilz schööön oder Dr. Jekyll & Mr. Hyde

Hier lautet das Motto: Ab in die Pilze! Gehen Sie (mit Ihren Kindern) auf Pilzsuche mit der UV-Lampe! Aber nicht unbedingt, um essbare Pilze zu sammeln („laaangweilig"), sondern um Leuchtpilze zu entdecken („cool"). Sie können natürlich auch essbare Pilze suchen.

Allerdings fluoreszieren weder Steinpilze noch Maronen. Auch Champignons leuchten nicht. Bei den knallroten Fliegenpilzen könnte man Fluoreszenz vermuten, aber auch hier: Fehlanzeige. Eine Nichtfluoreszenz kann aber auch sehr nützlich sein, denn mit ihrer Hilfe kann man zumindest bei *einer* Pilzart die essbare von der giftigen Variante unterscheiden.

Sie brauchen

- Herbstwald
- UV-Taschenlampe (365 nm)
- LED-Lampe

So klappt's
Folgende Pilze habe ich bei Tageslicht aufgespürt und abends „erfolgreich" mit UV-Licht beleuchtet. Abb. 5.15 zeigt den giftigen Grünblättrigen Schwefelkopf *(Hypholoma fasciculare),* den ich im Südschwarzwald entdeckt habe. Im UV-Licht fluoresziert dieser Pilz in leuchtendem Grün.

Vom Schwefelkopf existiert auch eine essbare Sorte, nämlich der Graublättrige Schwefelkopf *(Hypholoma capnoides),* der bei UV-Bestrahlung *nicht* leuchtet. Dieser gilt als ausgezeichneter Speisepilz, gar als Delikatesse [10, 11]. Wir haben es also hier mit einer Art Dr. Jekyll und Mr. Hyde zu tun. Beide Schwefelköpfe wachsen bevorzugt an Totholz oder Baumstümpfen, die giftige Variante allerdings ausschließlich an Nadelholz. Für Laien liegt die Verwechslungsgefahr recht hoch, eine Überprüfung mit der UV-Lampe liefert dagegen ein eindeutiges Ergebnis.

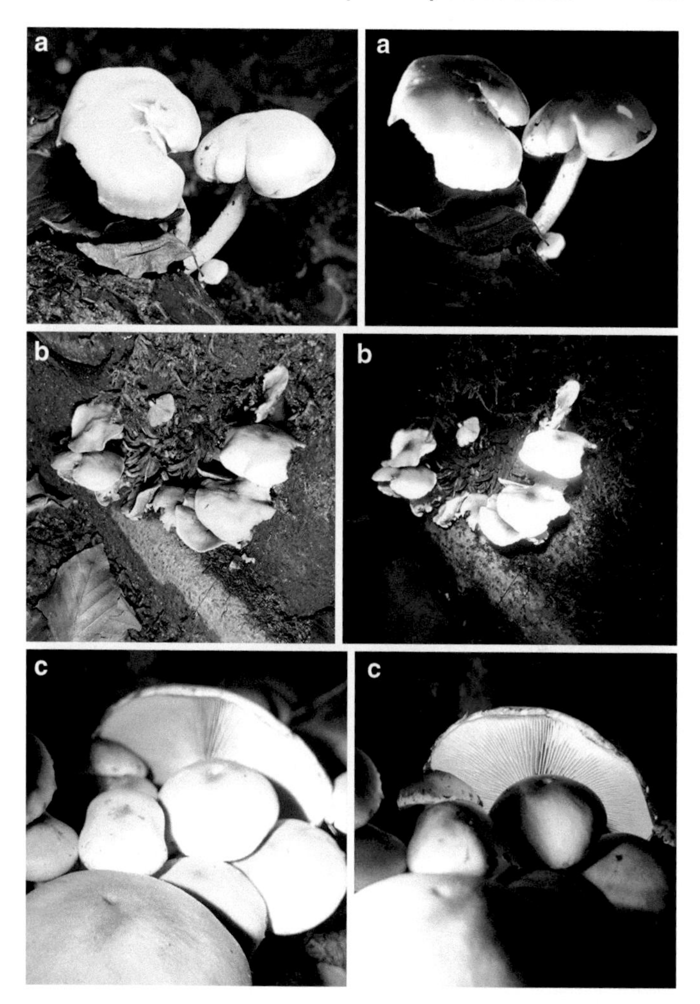

Abb. 5.15 a–c Grünblättriger Schwefelkopf auf Totholz beleuchtet mit weißem Licht (links) und mit UV-Licht (rechts). Giftig!

Was steckt dahinter?

Der Grünblättrige Schwefelkopf enthält Hypholomine und Fasciculine, die im UV-Licht grün fluoreszieren

[9]. Selbst gestandene Chemiker:innen werden von diesen exotischen Substanzen kaum etwas gehört haben. Hypholomin A und B sind gelbliche Pigmente, die für die grüne Fluoreszenz verantwortlich sind [12]. Fasciculin A und B weisen bis auf zusätzliche zwei Kohlenstoff- und zwei Wasserstoffatome (-HC=CH-Doppelbindung) die identische Molekülstruktur auf wie die Hypholomine A und B [13]. Die Vielfalt an Inhaltsstoffen ist bei Pilzen enorm und die meisten von ihnen warten noch auf ihre Entdeckung und Strukturaufklärung. Welche Substanzen dabei auch im UV-Licht leuchten, bleibt ebenfalls noch zu entschlüsseln. Einen Einblick in den Molekülreichtum und die Komplexität der Pilzpigmente bietet Literatur [14].

Auch der Gemeine Schwefelporling gilt als ausgezeichneter Speisepilz und wächst vorzugsweise auf Eichenstämmen. Hierbei leuchtet der essbare Pilz ohne Verwechslungsgefahr im UV-Licht (Abb. 5.16).

Unter Holzerzeugern und Parkgärtnern ist dieser Baumpilz allerdings sehr gefürchtet und äußerst unbeliebt, da er als aggressiver Parasit das Kernholz angreift und Baumfäule verursacht [15, 16]. Besonders gerne wächst er auf alten Eichen, denen er durch innere Zerbröselung und Aushöhlung das Leben aushaucht. Im Großen Garten in Dresden konnte ich dieses Drama selbst beobachten, als ich nochmals zum Fotografieren dieses Pilzes zu der alten Eiche ging und dort, wo der Pilz am Baum wuchs, die komplette Rinde inklusive Pilz großflächig abgehobelt worden war. Entsetzt dachte ich zuerst an Vandalismus oder an Tierverbiss, aber mittlerweile habe ich gelesen, dass der Schwefelporling zwar ein wohlschmeckender aber zugleich auch ein mordender Fiesling ist. Wieder so ein Dr.-Jekyll–Mr.-Hyde-Pilz. Die Parkgärtner haben

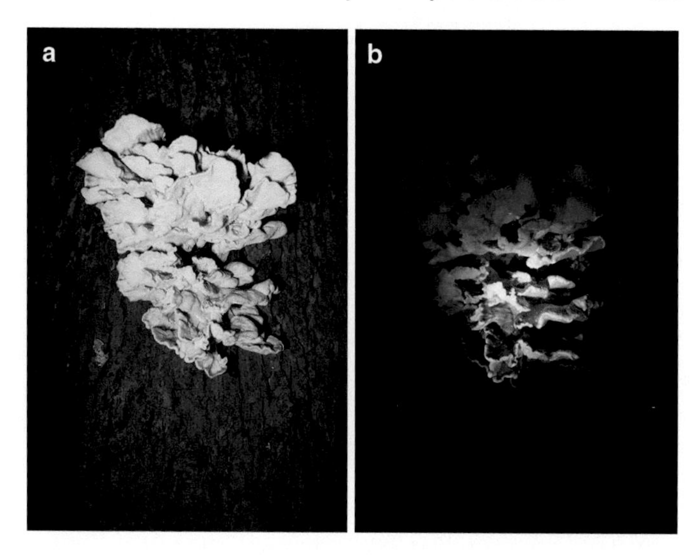

Abb. 5.16 Gemeiner Schwefelporling *(Laetiporus sulphureus)* an einer Eiche im Großen Garten Dresden angestrahlt **a** mit weißem Licht und **b** mit UV-Licht. Essbar

demnach zugeschlagen, um die wertvolle Eiche zu retten oder zumindest versucht, ihr Leben zu verlängern.

Was steckt dahinter?
Die fluoreszenzfähigen Pigmente beruhen auf ähnlichen Strukturen wie die der Schwefelköpfe.

Die Schmetterlingstramete *(Trametes versicolor),* ebenfalls ein Baumpilz, gilt in Asien und in der Naturheilkunde als Vital- und Heilpilz gegen Krebs, Rheuma und Konsorten und soll auch gut für's Immunsystem gegen virale Infektionen sein (Abb. 5.17). Er kommt in allen möglichen Farben daher: schwarz, weiß, gelb, braun, mit und ohne Ringmustern. Hierzulande findet er in getrockneter Form Verwendung als Dekopilz in der Floristik für Gestecke und Adventskränze. Seine

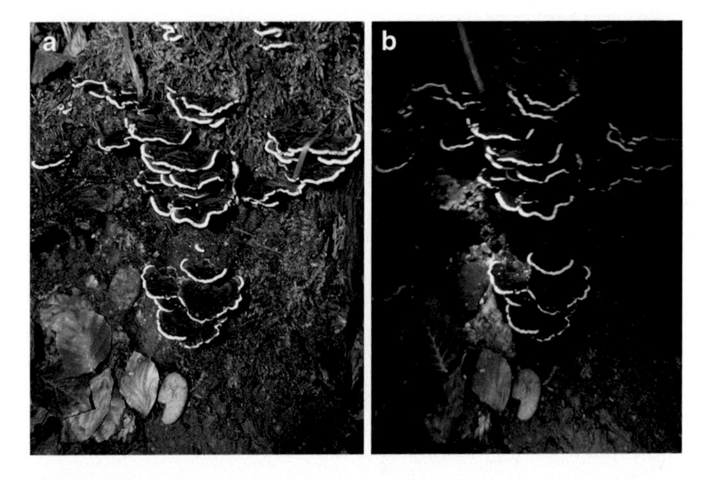

Abb. 5.17 Schmetterlingstramete *(Trametes versicolor)* im Schwarzwald beleuchtet **a** mit weißem Licht und **b** mit UV-Licht. Ungenießbar

Konsistenz gleicht einer alten Schuhsohle und im getrockneten Zustand wird er steinhart [17, 18].

Das schönste und atemberaubendste Leuchten zeigt aber der Rosa Rettich-Helmling *(Mycena rosea)* [19, 20]. Sobald das UV-Licht den Hut im Dunkeln bestrahlt, leuchtet der Pilz azurblau auf, als ob er von innen beleuchtet wäre (Abb. 5.18). Wie eine angeknipste Lampe mit einem blau schimmernden Schirm. Herrlich!

Was steckt dahinter?

Welche Inhaltsstoffe die wunderschöne blaue Fluoreszenz auslösen, ist bisher nicht bekannt. Es könnte sich um Russopteridin und Russulumazin handeln, zwei Pteridin-Abkömmlinge. In anderen Pilzarten ist diese Substanzklasse für blaue und gelbgrüne Fluoreszenzeffekte verantwortlich [9].

Abb. 5.18 Rosa Rettich-Helmling *(Mycena rosea)* angestrahlt **a** mit weißem Licht und **b** mit UV-Licht (rechts)

5.2.3 Experiment: Am Bach, am Fluss, am Teich

Sie brauchen

- einen Bach oder Fluss
- UV-Taschenlampe (365 nm)
- LED-Lampe

So klappt's

Am Ufer entlang gehen und einfach drauf los leuchten! Unscheinbares wird plötzlich sichtbar. Abb. 5.19a zeigt eine gewöhnliche Uferböschung. Der blaue Bereich im rechten Bild ist der Fluss Ilmenau in Lüneburg. In

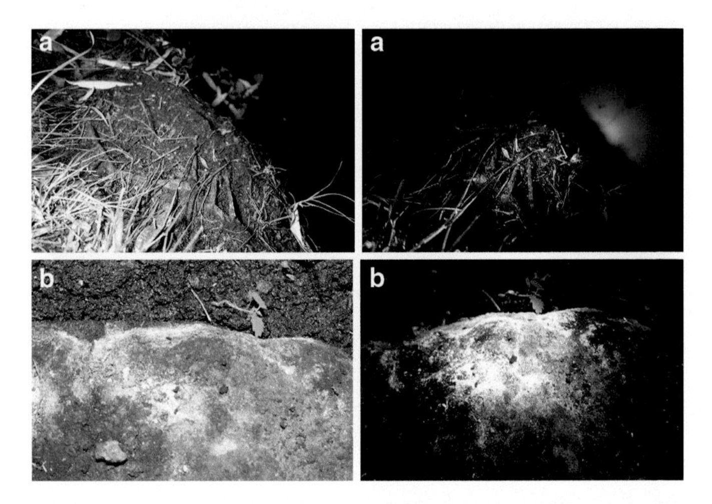

Abb. 5.19 **a** Uferböschung beleuchtet mit weißem Licht (links) und mit UV-Licht (rechts). **b** Stein und Pflänzchen im Flussbett bestrahlt mit weißem Licht (links) und mit UV-Licht (rechts)

Abb. 5.19b sieht man einen Stein und ein junges Pflänzchen voller Chlorophyll im Flussbett. Auch auf dem Stein erkennt man Chlorophyll an der roten Fluoreszenz, herrührend von Moosen oder Algen.

5.2.4 Experiment: Rote Wasserlinsen

Sie brauchen

- ein stehendes Gewässer mit Wasserlinsen
- UV-Taschenlampe (365 nm)
- LED-Lampe

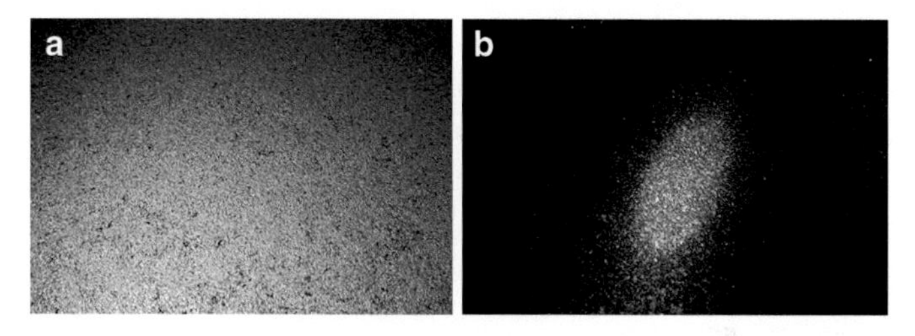

Abb. 5.20 Wasserlinsen (*Lemna*) in einem Weiher **a** bestrahlt mit weißem Licht und **b** mit UV-Licht

So klappt's

Beim Beleuchten von Wasserlinsen (Abb. 5.20) müssen Sie relativ nah ans Gewässer treten, um einen guten Effekt zu erreichen. Also aufgepasst! Im Dunkeln nicht ins Wasser fallen.

5.2.5 Experiment: Müll aufspüren

Ich zeige Ihnen hier zwei Beispiele von Müll im Wald, wo er absolut nicht hingehört. Mit der UV-Lampe habe ich das helle Fluoreszenzleuchten schon von Weitem gesehen. Ich dachte zuerst, etwas Besonderes entdeckt zu haben, aber Pustekuchen.

Sie brauchen

- einen Wald, einen Park
- UV-Taschenlampe (365 nm)
- LED-Lampe

So klappt's

Leuchten Sie bei Dunkelheit mit Ihrer UV-Lampe mal abseits der Wege in die Büsche und ins Unterholz. Sie glauben gar nicht, wie viel Müll und Abfall man entdeckt. Raten Sie mal, um welchen Gegenstand es sich in Abb. 5.21a handelt! Bei Abb. 5.21b ist es offensichtlich.

Abb. 5.21 **a** Ein verrotteter Turnschuh beleuchtet mit weißem Licht (links) und mit UV-Licht (rechts). **b** Eine Flasche „Malibu Original Kokosnusslikör" im Gebüsch beleuchtet mit weißem Licht (links) und mit UV-Licht (rechts)

5.3 Leuchtende Flechten

In Abschn. 3.4.1 habe ich bereits die Gewöhnliche Gelbflechte *(Xanthoria parietina)* beschrieben [21], deren Pigment Parietin im UV-Licht intensiv orange fluoresziert (Abb. 5.22). Gelbflechten findet man häufig an Bäumen mit ausreichender Nährstoffzufuhr, beispielsweise in der Nähe von Äckern und Feldern, aber auch oft an Straßenbäumen, wo Hunde ihr kleines und großes „Geschäft" verrichten. Guter Dünger für den Baum, gute Bedingungen für die Flechte. Aufgrund der heutzutage guten und SO_2-reduzierten Luft gedeiht sie auch an Sadtbäumen und sogar auf Steinen oder Gartentoren.

Auch die Pigmente der Schwefelflechten leuchten bei UV-Bestrahlung. Schwefelflechten gehören zu den Krustenflechten, sind leuchtend gelb und haben eine feinkörnige, wasserabweisende (hydrophobe) Oberfläche. Sie gedeihen nur in sehr reiner Luftumgebung auf großen Silikat-Felsen in feuchten Tälern, wie dem Elbsandsteingebirge. Es existieren vor allem zwei Arten von Schwefelflechten [22]: Die Fels-Schwefelflechte *(Chrysothrix*

Abb. 5.22 Gewöhnliche Gelbflechte an einem Lindenstamm, bestrahlt mit weißem Licht (links) und mit UV-Licht (rechts). Länge der Gelbflechte: 9 cm

chlorina) und die Gelbfrüchtige Schwefelflechte *(Psilolechia lucida)*..

5.3.1 Experiment: Gelbe Schwefelflechten – oranges Leuchten

  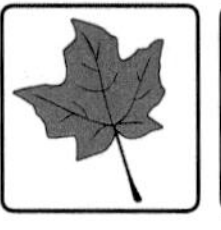 

Sie brauchen

- geeignetes Fundgebiet (z. B. Elbsandsteingebirge)
- UV-Taschenlampe (365 nm)
- LED-Lampe

So klappt's
Beleuchten Sie eine Schwefelflechte im Dunkeln mit UV-Licht und aus grüngelb bzw. gelb wird orange (Abb. 5.23).

Was steckt dahinter?
Die Gelbfrüchtige Schwefelflechte ist eher grüngelb und enthält den Farbstoff Rhizocarpsäure, während die Fels-Schwefelflechte durch ihr gelbes Pigment Vulpinsäure leuchtend gelb hervorsticht. Sowohl Rhizocarpsäure als auch Vulpinsäure gehören zur Gruppe der Pulvinsäure-Farbstoffe (Lacton-Pigmente), die im Bereich von 550–570 nm fluoreszieren. Beide gelben, farbbestimmenden Pigmente fluoreszieren im UV-Licht folglich dunkelorange. Abb. 5.23a zeigt die Gelbfrüchtige Schwefelflechte an einem Felsen der Bastei im Elbsandsteingebirge.

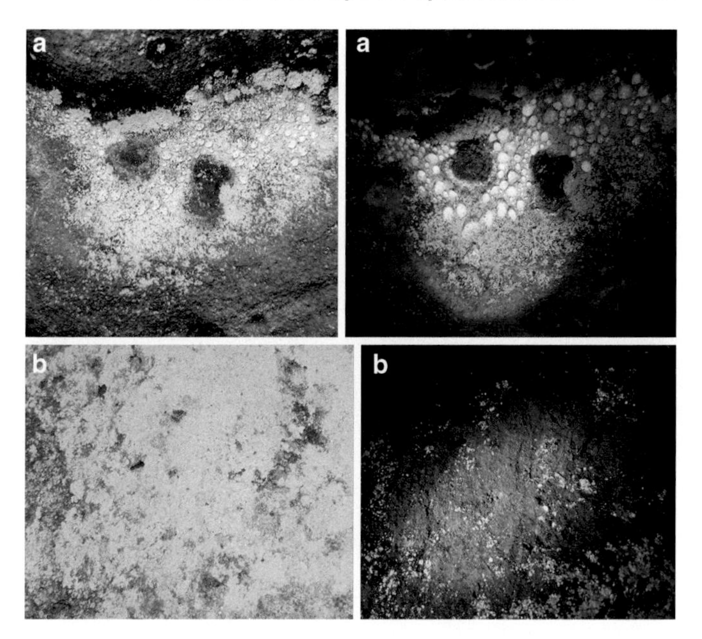

Abb. 5.23 **a** Regennasse Gelbfrüchtige Schwefelflechte auf einer Felsspalte im Elbsandsteingebirge, bestrahlt mit weißem Licht (links) und mit UV-Licht (rechts). **b** Regennasse Fels-Schwefelflechte auf einem Felsen im Kirnitzschtal im Elbsandsteingebirge, beleuchtet mit weißem Licht (links) und mit UV-Licht (rechts)

Das Chlorophyll im sattgrünen Moos fluoresziert blutrot, während das grüngelbe Pigment Rhizocarpsäure der Schwefelflechte orange leuchtet. In Abb. 5.23b fluoresziert die gelbe Vulpinsäure der Fels-Schwefelflechte in dunklem Orange. Die Wassertropfen auf der hydrophoben Oberfläche erkennt man in beiden Abbildungen im UV-Licht aufgrund der bläulichen Reflexion sehr viel besser als im weißen Licht. Aufgrund des Lotuseffekts haben sich die Wassertropfen zu Kügelchen geformt (s. Abschn. 1.2).

5.4 Kleine, leuchtende Gespenster

Die Kellerassel *(Porcellio scaber)* lebt mit ihrer 12–18 mm Winzigkeit in feuchten dunklen Orten, u. a. unter Steinen oder Totholz, unter Blumenkübeln oder Gegenständen im Garten, im Kiesbett um die Hausmauer herum, im Hochbeet, im Komposthaufen [23]. Asseln besitzen sieben Beinpaare, einen siebenfach gegliederten Chitinpanzer und vertilgen abgestorbene organische Substanzen. Jeder von Ihnen hat sie schon irgendwo mal gesehen. Ekelig? Nein, sie sind sehr nützliche Tierchen – und leuchten im UV-Licht.

5.4.1 Experiment: Asseln zu Geistern

Sie brauchen

- Kellerasseln
- UV-Taschenlampe (365 nm)
- LED-Lampe

So klappt's

Wenn Sie Kellerasseln entdeckt haben oder wissen, wo sie sich verstecken, dann gehen Sie abends im Dunkeln mit der UV-Lampe auf die Pirsch. Bitte diese Tierchen nur kurzeitig anstrahlen, um ihnen unnötigen Lichtstress zu ersparen. Die Asseln leuchten in einem gespenstisch wirkenden blauweißen Licht. Passend zu Halloween. Ich habe an unserem Reihenhaus beobachtet, dass Kellerasseln nach einem kräftigen Regenguss massenhaft aus

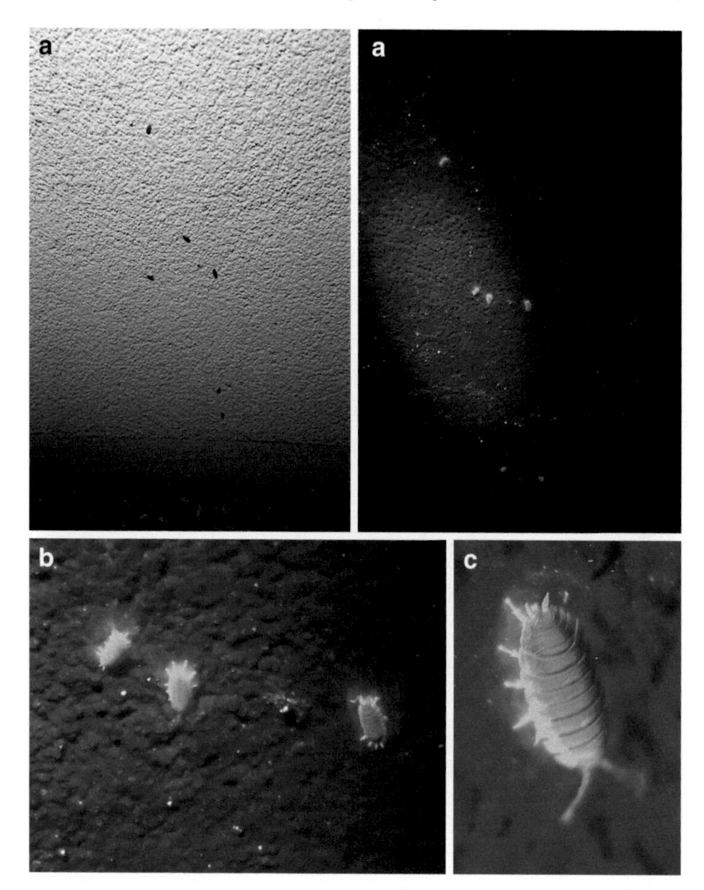

Abb. 5.24 **a** Kellerasseln auf der Hausmauer beleuchtet mit weißem Licht (links) und mit UV-Licht (rechts), **b** und **c** Nahaufnahmen

dem Kiesbett an der Hausmauer nach oben flüchten, um den Fluten zu entkommen. Die Hausmauer war übersät mit Assel-Flüchtlingen. Dort konnte ich sie in aller Ruhe beleuchten und fotografieren (Abb. 5.24). In der Nahaufnahme von Abb. 5.24b und c kann man bei der rechten Assel sogar die sieben Panzersegmente erkennen.

Was steckt dahinter?

Das Chitin der „Außenhaut“ (Exoskelett) hat fluoreszierende Eigenschaften und strahlt Licht mit einer Wellenlänge von etwa 440 nm – sprich: blaues Licht – ab [24, 25]. Der blaue Leuchteffekt beruht auf dem Vorhandensein von Chitin, das aus Tausenden von Acetylglucosamin-Einheiten aufgebaut ist. Es ähnelt der Cellulose, ist aber deutlich härter und stabiler. Mithilfe von UV-Strahlern lassen sich auch Skorpione aufspüren, um bei Exkursionen oder Wanderungen in den Lebensregionen dieser Achtbeiner keine bösen Überraschungen zu erleben. Auch manche Spinnen fluoreszieren in Blau [9].

5.5 Farbenfrohe Leuchtsteine, farbenfrohes Steineleuchten

Die Vielfalt an Mineralien ist immens und äußerst komplex [26]. Ich als Laie kenne Amethyst, Achat, Malachit & Co., aber dann hört es schon bald auf. Einige Exemplare zeigen Fluoreszenzleuchten, auf das hier kurz eingegangen werden soll.

5.5.1 Experiment: Fluoreszierende Mineralien

Sie brauchen

- diverse Mineralien wie Hyalit, Calcit, Wurtzit oder Fluorit
- UV-Taschenlampe (365 nm)

So klappt's

Zugegeben: Die hier abgebildeten und beschriebenen Mineralien habe ich nicht selber gefunden, sondern in der atemberaubenden Mineraliensammlung „terra mineralia" in Freiberg/Sachsen im dortigen Shop gekauft [27]. Mit etwas Glück, Geduld, Kenntnis und am richtigen Berg lassen sich fluoreszierende Steine aber dennoch finden. Im UV-Licht werden grüne, rote, pinke, orangegelbe und blauviolette Fluoreszenzerscheinungen sichtbar. Abb. 5.25 zeigt einige Beispiele.

Was steckt dahinter?

Meistens wird die Fluoreszenz in Mineralien durch Einbau fremder Metallionen, wie beispielsweise Yttrium-, Cer-, Mangan-, Europium- und Uranylionen, hervorgerufen [28, 29]. Das in Deutschland am häufigsten vorkommende fluoreszierende Mineral ist der Fluorit (CaF_2), einer Verbindung aus Calcium und Fluor, auch Flussspat genannt. Der Siderit besteht aus Eisencarbonat ($FeCO_3$) und dient hier als Grundlage der Fluoritkristalle (Abb. 5.25d). Fluorit wird im Erzgebirge, im Vogtland und in der Oberpfalz abgebaut und kann dort auch gefunden werden. Calcit ist Calciumcarbonat ($CaCO_3$), sehr verbreitet und in Form von Kalk oder Kreide allgemein bekannt (Abb. 5.25b). Als ein sehr komplexes Silikatmineral enthält Feldspat neben Silicium-Sauerstoff-Einheiten noch diverse Metalle, wie beispielsweise Natrium, Kalium, Calcium, Barium und Aluminium. Das darauf befindliche Hyalit ist eine Variante des Opals und besteht aus Siliciumdioxid (SiO_2), welches oftmals Uran-Sauerstoff- (Uranyl, UO_2^{2+}) Einschlüsse aufweist (Abb. 5.25a). Der Wurtzit (ZnS) enthält im Wesentlichen Zink und Schwefel (Abb. 5.25c). Umfassendes Wissen rund um Mineralien und Gesteine finden Sie in der Literatur [26]. Lesenswert ist auch die Webseite des

Abb. 5.25 **a** Hyalit auf Feldspat (Namibia), **b** Calcit (Österreich), **c** Wurtzit (Polen), **d** Fluorit auf Siderit (Erzgebirge) bestrahlt mit weißem Licht (links) und mit UV-Licht (rechts)

Sterling Hill Mining Museums, in der die Fluoreszenz von diversen Mineralien nochmals erläutert wird – allerdings auf Englisch [30]. In und außerhalb der Mine in New Jersey (USA) fluoreszieren übrigens ganze Felsen in den herrlichsten Farben.

Abb. 5.25 (Fortsetzung)

5.6 UV + LED = Licht

Angetrieben durch die Klima- und Energiekrise, die rasant gestiegenen Strompreise und das Ressourcensparen hat jeder und jede von uns massenhaft LED-Leuchtmittel in der Wohnung im Einsatz. Gut so. Richtig so. Auch die Straßen- und Gebäudebeleuchtung ist und wird zunehmend auf LED umgestellt [31]. Mithilfe einer UV-Lampe kommt man dem chemischen Innenleben einer LED auf die Spur. Dies hat jetzt zwar nichts mit Natur im Grünen zu tun, ist aber meines Erachtens ein schönes und interessantes Experiment.

5.6.1 Experiment: Elektrik-Trick mit LED-Lampen

Sie brauchen

- verschiedene LED-Leuchtmittel z. B. Faden-LED, G9 Bi-Pin LED
- UV-Taschenlampe (365 nm)

So klappt's

Für dieses einfache Experiment müssen Sie gar nicht erst die LED-Leuchtmittel herausschrauben oder -ziehen, sondern können diese mit Ihrer UV-Lampe direkt anstrahlen. Dazu bitte das Licht ausschalten und den Raum verdunkeln. Abb. 5.26 zeigt, wie die einzelnen LED-Punkte bzw. -fäden im UV-Licht hell aufleuchten.

Was steckt dahinter?

Das „Herz" eines jeden LED-Leuchtmittels ist das Indiumgalliumnitrid (InGaN), einem Halbleiter aus

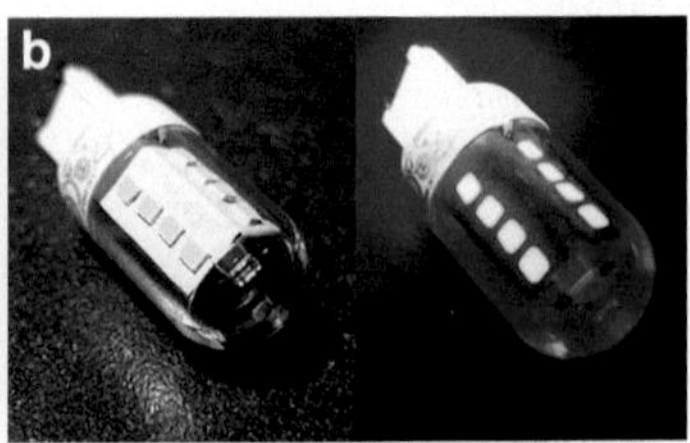

Abb. 5.26 a LED-Fadenlampe, **b** G9 Bi-Pin LED jeweils bestrahlt mit weißem Licht (links) und mit UV-Licht (rechts)

den Elementen Indium, Gallium und Stickstoff [32]. Je nach Zusammensetzung strahlt das InGaN bei Stromzufuhr ultraviolettes oder violettblaues Licht aus. Um diese für unsere Augen nicht sichtbaren Wellenlängen in weißes, warmes, „sichtbares“ Licht umzuwandeln, ist ein zusätzlicher „Leuchtstoff“ erforderlich. Fast alle handelsüblichen LED-Leuchtmittel basieren auf der COB- (= Chip-on-Board-) Bauweise. Die LED sitzt direkt auf einer Miniplatine und wird dann von einer Kunststoffmasse überzogen, die den Leuchtstoff enthält [32, 33]. Es handelt sich dabei um den intensiv gelborange aussehenden Leuchtstoff YAG, einer komplexen Verbindung aus Yttrium, Aluminium und Sauerstoff mit der Formel $Y_3Al_5O_{12}$, dem zusätzlich Cer^{3+}- oder andere Metallionen beigemischt wurden [32]. YAG ist die Abkürzung von Yttrium-Aluminium-Granat, wobei „Granat“ eine bestimmte Mineralgruppe bezeichnet [32, 34]. Das UV-Licht wird vom YAG-Leuchtstoff absorbiert und verliert dabei Energie, sodass die abgestrahlte Fluoreszenz zu energieärmerem, also langerwelligerem Licht verschoben wird – in die Regenbogenfarben, sprich in weißes Licht. In jeder LED erkennen Sie die gelben Punkte oder Fäden des $YAG:Ce^{3+}$-Leuchtstoffs [32, 33].

Hintergrund

Faden-LED

Die ersten Faden-LEDs stammen aus Japan und wurden 2008 erfunden. Typische Faden- oder Filament-LED im Retrodesign sind seit 2015 auf dem Markt und erfreuen sich großer Beliebtheit. Jeder Faden besteht aus einem dünnen Glasstreifen, auf dem rund 30 winzige LED-Chips in COB-Bauweise nebeneinander montiert und in Reihe geschaltet sind. Der ca. 4 cm lange LED-Faden wird schließlich mit dem gelben Fluoreszenzmaterial $YAG:Ce^{3+}$ überzogen. Das von den LEDs abgestrahlte blauviolette Licht wird dadurch in warmgelbes Licht umgewandelt.

Literatur

1. A. Korn-Müller, *Warum Gras nicht rot leuchtet*, Nachr. Chem. 70, **2022**, S. 18–21.
2. L. Urry, M. Cain, S. Wasserman, P. Minorsky und J. Reece, M., *Campbell Biologie*, 11., aktualisierte Aufl., Pearson Verlag Deutschland, München, **2019**, S. 260–261.
3. C.-D. Schönwiese, Klimatologie, 5., überarbeitete und aktualisierte Aufl., Eugen Ulmer, Stuttgart, **2020**, S. 29 und 276.
4. D. Weiß und H. Brandl, *Fluoreszenzfarbstoffe in der Natur, Teil 1*, Chem. Unserer Zeit, 47, **2013**, S. 52.
5. A. Korn-Müller, *Mit Zollstöcken und Springseil zum Regenbogen*, Nachr. Chem. 69, **2021**, S. 28–31.
6. J. M. Berg, J. L. Tymoczko, G. J. Gatto jr. und L. Stryer, *Stryer Biochemie,* 8. Aufl., Springer Spektrum, Heidelberg, **2018**, S. 866–867.
7. D. Weiß, E. Täuscher und H. Brandl, *Die bunte Welt der Porphyrine*, Chem. Unserer Zeit, 53, **2019**, S. 12–21.
8. D. Weiß und H. Brandl, *Fluoreszenzfarbstoffe in der Natur, Teil 1*, Chem. Unserer Zeit, 47, **2013**, S. 50–54.
9. a) D. Weiß und H. Brandl, *Fluoreszenzfarbstoffe in der Natur, Teil 2*, Chem. Unserer Zeit, 47, **2013**, S. 122–131. b) http://www.chemie.uni-jena.de/institute/oc/weiss/start.html (Stand: 01.08.2023)
10. https://fundkorb.de/pilze/hypholoma-capnoides-graubl%C3%A4ttriger-schwefelkopf (Stand: 01.08.2023)
11. http://tintling.com/pilzbuch/arten/h/Hypholoma_capnoides.html (Stand: 01.08.2023)
12. https://roempp.thieme.de/lexicon/RD-08-02625?linkSource=TIB (Stand: 01.08.2023)
13. https://roempp.thieme.de/lexicon/RD-06-00255?searchterm=fasciculine&context=search (Stand: 01.08.2023)
14. J. Velisek and K. Cejpek, *Pigments of Higher Fungi: A Review*, Czech J. Food Sci., 29, **2011**, S. 87–102.
15. http://tintling.com/pilzbuch/arten/l/Laetiporus_sulphureus.html (Stand: 01.08.2023)

16. https://fundkorb.de/pilze/laetiporus-sulphureus-schwefelporling (Stand: 01.08.2023)
17. https://fundkorb.de/pilze/trametes-versicolor-schmetterlingstramete (Stand: 01.08.2023)
18. http://tintling.com/pilzbuch/arten/t/Trametes_versicolor.html (Stand: 01.08.2023)
19. https://fundkorb.de/pilze/mycena-rosea-rosa-rettich-helmling (Stand: 01.08.2023)
20. http://tintling.com/pilzbuch/arten/m/Mycena_rosea.html (Stand: 01.08.2023)
21. V. Wirth und U. Kirschbaum, Flechten einfach bestimmen, 2., aktualisierte Aufl., Quelle & Meyer Verlag, Wiebelsheim, **2017**, S. 35.
22. V. Wirth und U. Kirschbaum, Flechten einfach bestimmen, 2., aktualisierte Aufl., Quelle & Meyer Verlag, Wiebelsheim, **2017**, S. 244.
23. https://bodentierhochvier.de/steckbrief/porcellio-scaber/ (Stand: 01.08.2023)
24. M. D. Rabasovic, D. V. Pantelic, B. M. Jelenkovic et al., *Nonlinear microscopy of chitin and chitinous structures: a case study of two cave-dwelling insects*, J. Biomed. Opt., 20, **2015**, S. 016010–1–016010-10.
25. Q. Dong, W. Qiu, L. Li, N. Tao et al., *Extraction of chitin from white shrimp (Penaeus vannamei) shells using binary ionic liquid mixtures*, J. Ind. Eng. Chem.,120, **2023**, S. 529-541.
26. G. Markl, *Minerale und Gesteine*, 3. Aufl., Springer Spektrum Verlag, Berlin Heidelberg, **2014**.
27. https://terra-mineralia.de (Stand: 01.08.2023)
28. https://www.mineralienatlas.de/lexikon/index.php/MineralData?lang=de&mineral=Hyalit (Stand: 01.08.2023)
29. https://www.mineralienatlas.de/lexikon/index.php/Fluoreszenz (Stand: 01.08.2023)
30. https://www.sterlinghillminingmuseum.org/fluorescence (Stand: 01.08.2023)

31. R. Heinz, *Grundlagen der Lichterzeugung*, 5., erweiterte Aufl., **2014**, Highlight Verlag, Rüthen, S. 105.
32. F. Baur und T. Jüstel, *Weiße Leuchtdioden als moderne Leuchtmittel: Anorganische Materialien*, Chem. Unserer Zeit, 56, **2022**, S. 220–231.
33. R. Heinz, *Grundlagen der Lichterzeugung*, 5., erweiterte Aufl., **2014**, Highlight Verlag, Rüthen, S. 92–108.
34. Holleman/Wiberg, *Anorganische Chemie*, Bd. 2, 103. Aufl., Walter de Gruyter Verlag, Berlin, **2017**, S. 1787.

6

Am Strand von Nord- und Ostsee

Zusammenfassung Nord- und Ostsee haben eine große ökologische sowie touristische Bedeutung. Mit ihren Badeorten und Inseln ziehen sie Hunderttausende von Urlaubern in ihren Bann. Neben Erholung, Reizklima, guter Luft, Stränden und Dünen bieten die Küsten allerlei Naturerlebnisse – meistens tagsüber. Aber auch nachts kann man zahlreiche farbenfrohe Phänomene erleben. Vom atemberaubenden, blauen Meeresleuchten bis zum Farbspektakel im UV-Licht: rot, gelb, blau und orange leuchtende Algen, blau fluoreszierende Krebspanzer und Quallen. An Tageslicht freuen sich Ihre Kinder vielleicht über eine handgemachte, kleine Sandlawine oder Sie selbst

Ergänzende Information Die elektronische Version dieses Kapitels enthält Zusatzmaterial, auf das über folgenden Link zugegriffen werden kann https://doi.org/10.1007/978-3-662-67398-0_6. Die Videos lassen sich durch Anklicken des DOI Links in der Legende einer entsprechenden Abbildung abspielen, oder indem Sie diesen Link mit der SN More Media App scannen.

A. Korn-Müller, *Der Natur auf der Spur*,
https://doi.org/10.1007/978-3-662-67398-0_6

über gefundene Kreide-Fossilien, Bernstein-Stückchen und Hühnergötter.

6.1 Meeresleuchten – kaltes Feuerwerk in Blau

Die Chemolumineszenz („kaltes Licht“) tritt immer dann auf, wenn im Zuge einer chemischen Reaktion die Umwandlung von chemischer Energie in Licht erfolgt. Man spricht in diesem Zusammenhang auch von einer chemisch angeregten Fluoreszenz [1]. Handelt es sich um eine enzymatisch katalysierte Chemolumineszenz basierend auf dem Luciferin-Luciferase-System in Lebewesen, wird sie als Biolumineszenz bezeichnet. Paradebeispiele sind die hier heimischen Glühwürmchen *(Lamprohiza splendidula),* der Große Leuchtkäfer *(Lampyris noctiluca),* der nordamerikanische Leuchtkäfer *(Photinus pyralis),* die Meeresleuchttierchen *(Noctiluca miliaris/scintillans)* sowie diverse Tiefsee-Meerestiere wie Quallen, Kalmare, Fische und Garnelen [1, 2].

Mit etwas Glück sind die blauleuchtenden *Noctilucae* auch an der Nordsee, beispielsweise in Deutschland und Belgien, zu beobachten. Diese mikroskopisch kleinen Meeresalgen gehören zu den Dinoflagellaten, sind Einzeller, zwischen 200–2000 µm klein und können mechanisch zur Biolumineszenz angeregt werden [3]. Dazu läuft man nachts am besten bei Ebbe durch die mit Wasser gefüllten Sandbänke. Abb. 6.1 zeigt solch eine typische Sandbank.

Wenn Sie Meeresleuchttierchen suchen, dann achten Sie auf Sandbänke wie in Abb. 6.2 gezeigt. Was so unscheinbar in mausgrau, eher ekelig-schlammig, rosa-

Abb. 6.1 Sandbank bei Ebbe an der belgischen Nordseeküste

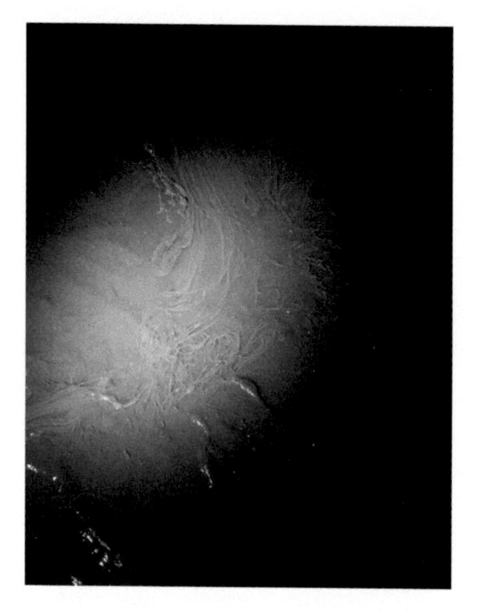

Abb. 6.2 Mit einer LED-Lampe angeleuchtete Sandbank bei Ebbe an der belgischen Nordseeküste bei Nacht. In den rosa Schlieren wimmelt es nur so von Meeresleuchttierchen

bräunlich und unansehnlich daherkommt bzw. auf dem Wasser treibt, entpuppt sich als atemberaubendes Farbspektakel. Da die Biolumineszenz relativ schwach ist, muss es draußen stockdunkel sein.

6.1.1 Experiment: Leuchtende Fußspuren in Blau (Nordsee)

Sie brauchen

- Nordseestrand
- etwas Mut, im Stockdunkeln durch die Sandbänke zu stapfen

So klappt's

Gehen Sie einfach rein in den Sandbank-Schlamm, wie er in Abb. 6.2 gezeigt ist, und Sie werden Ihr blaues Wunder erleben! Angeregt durch die mechanischen Bewegungen, wie beispielsweise Aufstampfen des Fußes, Wellenbewegungen per Hand oder Fuß sowie durch Wasserspritzer, entfacht man ein spektakuläres Feuerwerk in Blau. In Sekundenbruchteilen werden die Wellenbewegungen weitergeleitet und führen zu einem „explosionsartigen" Aufleuchten in herrlichem Blau (Abb. 6.3).

Man fühlt sich dabei fast an den wundersamen Planeten „Pandora" aus dem Film „Avatar" erinnert, auf dem jeder Fußabdruck den Boden aufleuchten lässt. Keine Sorge, diese Organismen sind so winzig, dass man sie nicht umbringt, wenn man auf sie tritt. Man kann die Anregung zum blauen, kalten Licht sogar beliebig oft wiederholen. Das ist auch nötig, denn das Fotografieren dieses wunderschönen Effekts ist nicht leicht. Ich habe in diesem Abschnitt zwei meiner schönsten Meeresleuchten-Videos für Sie hinterlegt. Scannen Sie einfach die URLs in Abb. 6.4 und 6.5 mit Ihrem Smartphone und genießen Sie das spektakuläre blaue, kalte Licht. Man hört ebenfalls

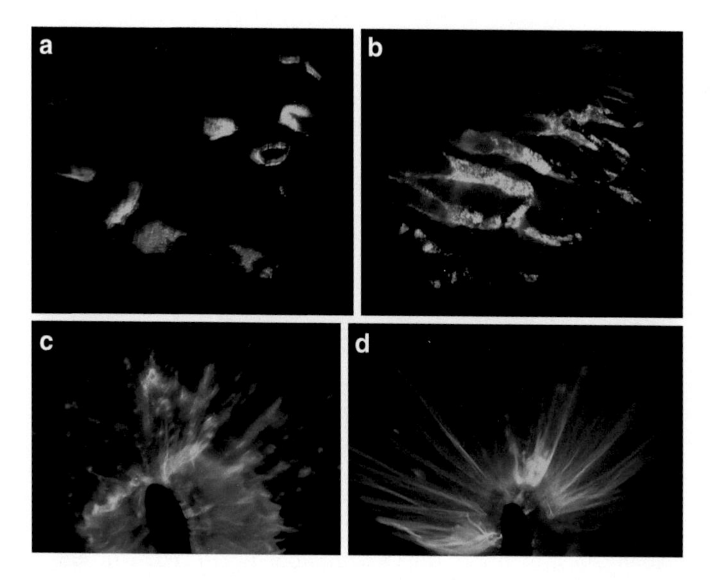

Abb. 6.3 Blaue Biolumineszenz der Meeresleuchttierchen *(Noctiluca scintillans)* durch mechanische Anregung an einer Sandbank der belgischen Nordseeküste im Monat April. **a, b** Im Bruchteil einer Sekunde weitergeleitete Biolumineszenz in den Wellenfurchen der Sandbank. **c, d** Mit dem Fuß ausgelöste Leuchtreaktion am Randwasser einer Sandbank

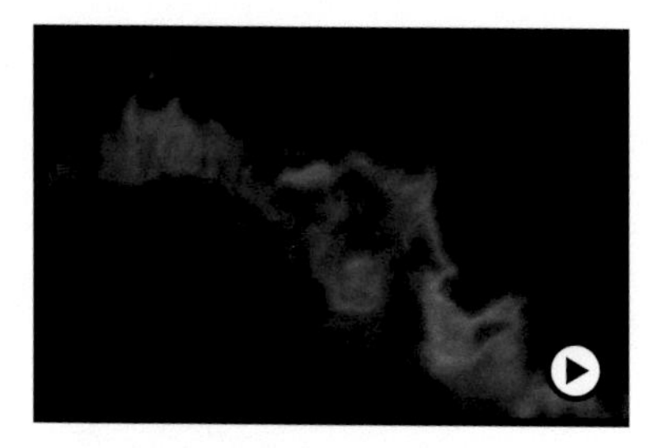

Abb. 6.4 Das Meerwasser leuchtet blau, Teil 1! Das Video zeigt die blaue Biolumineszenz der Meeresleuchttierchen an der Nordseeküste. Video Beschreibung: Durch Aufstampfen des Fußes in einer Sandbank bei Nacht werrden die Meeresleuchten angeregt und leuchten blau auf URL: ▸ https://doi.org/10.1007/000-a6e

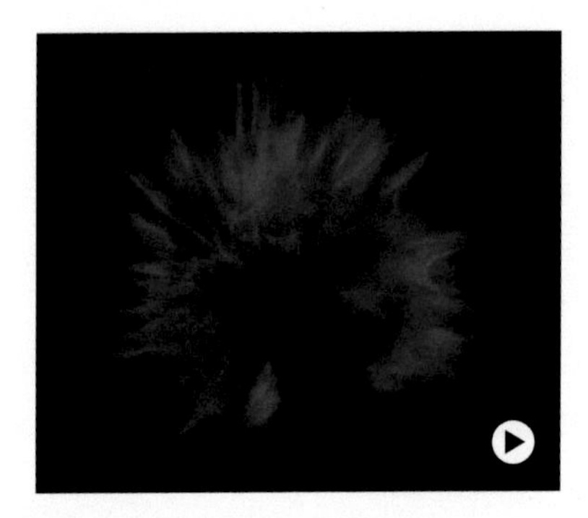

Abb. 6.5 Das Meerwasser leuchtet blau, Teil 2! Das Video zeigt die blaue Biolumineszenz der Meeresleuchttierchen an der Nordseeküste. Musik: Aquamarin – The Shimmer of Blue Ocean Ambient chill music von Julius H (pixabay). Video Beschreibung: Durchlaufen einer Sandbank bei Nacht, das die Meeresleuchttierchen zur Biolumineszenz anregt und zum blauen Leuchten bringt URL: ▸ https://doi.org/10.1007/000-a6d

das Meer rauschen und den Wind pfeifen. North Sea at it's best!

Was steckt dahinter?

Die Meeresleuchttierchen (*Noctiluca scintillans*) sind Dinoflagellaten, gehören zum tierischen Plankton (Zooplankton) und sind eukaryotische Einzeller mit einer Größe von 200–2000 μm. Sie betreiben Biolumineszenz, die durch mechanische Stimulation ausgelöst wird, etwa durch Wellenbewegungen, Wind oder andere Lebewesen. Die dadurch „eingedrückte" Zellmembran führt zur chemischen, enzymatischen Reaktion, bei der blaues Licht mit einer Wellenlänge von etwa 475 nm abgestrahlt wird.

Die meisten Biolumineszenz-Reaktionen im Tierreich laufen über eine enzymkatalysierte Umsetzung von Luciferin-„Leuchtstoffen" mithilfe des Enzyms Luciferase ab [1, 2]. Dabei wird das Luciferin, das sehr unterschiedliche Molekülstrukturen aufweisen kann, über Sauerstoffaufnahme und Kohlendioxidabspaltung in einen angeregten Zustand versetzt, der schließlich durch Abstrahlung von Licht in den Grundzustand übergeht. Die Biolumineszenz der Meeresleuchttierchen *(Noctiluca scintillans)* beruht auf einer ähnlichen Reaktion, die im Detail aber noch nicht aufgeklärt ist [2]. Sicher ist aber, dass sie durch mechanische (und chemische) Reize ausgelöst wird. Das blitzartige Aufleuchten dient sowohl zur Abschreckung von Fressfeinden als auch als „Warnfarbe" [2].

Auch an der Ostsee sind die fantastischen Meeresleuchttierchen zu beobachten, allerdings nur in einem kurzen Zeitfenster. Man findet sie – mit ein wenig Glück – im Hochsommer, etwa Mitte August. Der „Nordkurier" der Neubrandenburger Zeitung zeigt auf seiner Online-Seite spektakuläre Fotos von blau leuchtenden Wellen in Lubmin und am Greifswalder Bodden, aufgenommen im August 2020. Die „Ostsee-Zeitung" aus Mecklenburg-Vorpommern berichtet Online im August 2022 ebenfalls von Meeresleuchten in Lubmin. Ich selbst konnte bis jetzt leider noch kein Meeresleuchten an der Ostsee bestaunen. Schade. Seit kurzer Zeit werden sogar nächtliche Ausflüge für Touristen angeboten, beispielsweise in Neuharlingersiel: „Meeresleuchten – Lustwandeln im nächtlichen Lichtermeer" heißt es da [4]. Das Nationalpark-Haus Wurster Nordseeküste bei Bremerhaven bietet ebenfalls jedes Jahr im Sommer Nacht-Exkursionen an [5].

Das Auftreten des Meeresleuchtens an den Nord- und Ostseeküsten bleibt leider immer ein Glücksspiel, da Wind und Wetter, die Wassertemperatur und die Meeresströmungen eine wesentliche Rolle spielen. Eine zu starke Verbreitung der Meeresleuchttierchen durch Überdüngung der Meere sehen Naturschützer allerdings sehr kritisch, da sich durch sie die Nahrungsketten negativ verändern könnten. Die massenhafte Vermehrung dieser Einzeller wird auch als „rote Flut" bezeichnet und verursacht oft ein

Massensterben andere Lebewesen durch zu großen Sauerstoffverbrauch und Ausscheidung giftiger Substanzen [2].

6.2 Nächtliches Farbspektakel am Strand – Die dunkle Seite des Meeres

In diesem Abschnitt möchte ich Ihnen die „dunkle" Seite der Strände ans Herz legen, denn bei Nacht können Sie zahlreiche farbenfrohe Phänomene erleben. Falls Sie im Urlaub an die Nord- oder Ostsee fahren (oder an ein anderes Meer) kann ich Ihnen nur wärmstens empfehlen, eine UV-Lampe mitzunehmen. Aus meiner Erfahrung eignet sich eine UV-Taschenlampe mit einer Wellenlänge von 365 nm (UV-A) am besten (Beispiel: Alonefire X901UV 365 nm UV Taschenlampe, Bezug: Amazon, ca. 35 €). Sie ist zuverlässig, langlebig und via USB aufladbar. Auf allen meinen Reisen habe ich die UV-Lampe immer mit dabei. Ein Nachtspaziergang am Strand lohnt sich und Ihre Kids erleben etwas ganz Besonderes – trotz der Scheu vor Dunkelheit, die es manchmal zu überwinden gilt! Was aussieht wie oller Seetang entpuppt sich als farbenprächtiges Schauspiel und unscheinbarer grauer Schlamm mutiert zu einem bunten Kunstwerk der Natur. Unsichtbare Strukturen leuchten in grellen Farben auf und Muscheln, Krebspanzer und Quallen zeigen beeindruckende Fluoreszenzerscheinungen. Auch für Biologie- und Chemie-Lehrkräfte wäre eine naturwissenschaftliche Exkursion oder „NaWi-Woche" an der Nord- oder Ostsee mit einer UV-Nachtwanderung ein echtes und neues Erlebnis. Mit Begeisterung las ich zufällig, dass das Domgymnasium Magdeburg seit Jahren mit der Bio- und Chemie-Abiturstufe tatsächlich Studien- und Experimentierwochen am Wattenmeer durchführt [6] – allerdings noch ohne UV-Leuchtaktionen in der Nacht!

Mit meiner UV-Taschenlampe war ich sowohl an der belgischen Nordsee (Oostduinkerke) als auch an der deutschen Ostsee (Fischland-Darß, Greifswalder Bodden) unterwegs. Hier sind meine schönsten Entdeckungen im Dunkeln.

6.2.1 Experiment: Knallroter Algenschlamm (Nordsee)

Sie brauchen

- Nordseestrand
- UV-Taschenlampe (365 nm)
- LED-Lampe
- etwas Mut, im Stockdunkeln durch die Sandbänke zu stapfen

So klappt's
Leuchten Sie mit Ihrer UV-Lampe bei Ebbe in die Sandbänke. Dort, wo sich bräunlich-grünlicher Algenschlamm befindet, kommt es zu einer spektakulären Rotfluoreszenz, wie es in Abb. 6.6 zu sehen ist. Aber auch eine orangefarbene Fluoreszenz ist in Abb. 6.6c zu bestaunen.

Was steckt dahinter?
Die winzigen Meeresalgen, die sich im Schlamm der Sandbank in den Wellenfurchen angesammelt haben, enthalten Chlorophyll, das im UV-Licht intensiv rot fluoresziert. Bei dem Stück Seetang in Abb. 6.6c, das grell orange leuchtet, handelt es sich vermutlich um Zuckertang, einer Braunalge *(Saccharina latissima)* [7]. Auch der in Abb. 6.6d gezeigte

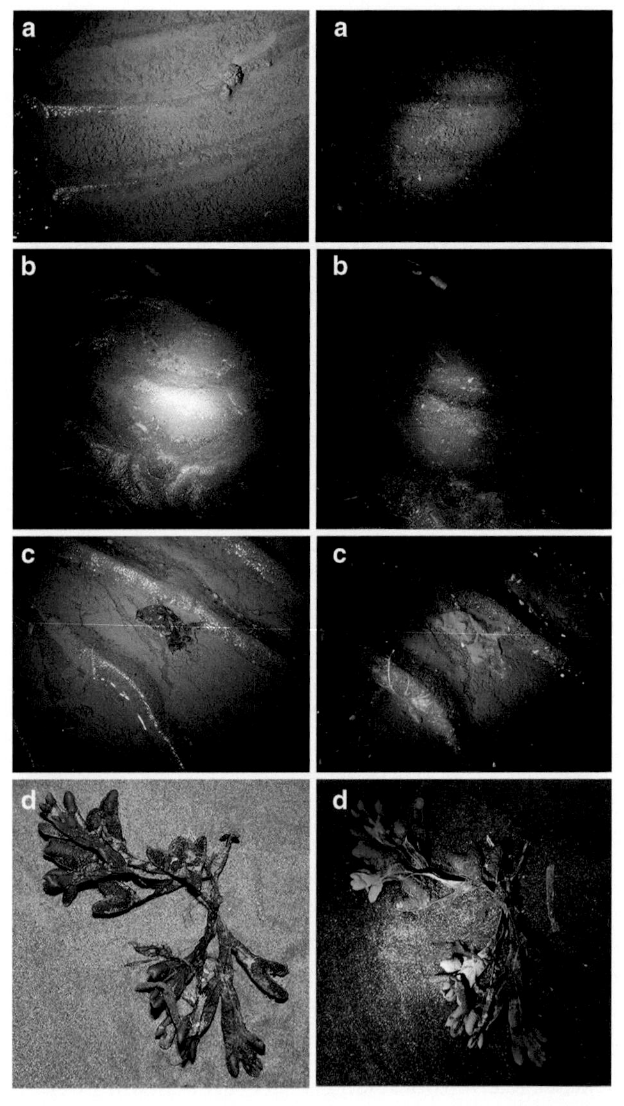

Abb. 6.6 Algen in den Wellenfurchen einer Sandbank, bestrahlt mit weißem Licht (links) und mit UV-Licht (rechts). **a, b** Meeresalgen fluoreszieren in knalligem Rot. **c** Neben den Meeresalgen in Rot leuchtet ein Stück Seetang in grellem Orange auf. **d** Blasentang fluoresziert in Grün und Orangerot

Blasentang zählt zu den Braunalgen. Braunalgen enthalten neben Chlorophyll das dunkelrote bis dunkelbraune Farbpigment Fucoxanthin, ein Carotinoid der Gruppe der Xanthophylle [8]. Es ist ein Lichtsammel-Molekül, absorbiert Licht im grünen Wellenlängenbereich und macht somit die Photosynthese unter Wasser, wo naturgemäß weniger Sonnenlicht gelangt, effizienter, weil grünes Licht tiefer ins Wasser eindringen kann als rotes Licht. Im UV-Licht fluoresziert Fucoxanthin mit einer Wellenlänge von etwa 630 nm in leuchtendem Orangerot [8].

6.2.2 Experiment: Himmelblauer Krebspanzer (Nordsee)

Sie brauchen

- Nordseestrand
- UV-Taschenlampe (365 nm)
- LED-Lampe
- etwas Mut, im Stockdunkeln den Saum der Sandbänke abzusuchen

So klappt's

Suchen Sie den Spülsaum der Sandbänke bei Ebbe mit einer LED-Leuchte nach abgeworfenen, angespülten Rückenpanzern von Krebsen (Krabben) ab. Manche von ihnen leuchten herrlich blau im UV-Licht. Abb. 6.7 zeigt eine (tote) Schwimmkrabbe sowie den abgeworfenen Rückenpanzer einer Schwimmkrabbe, die ich bei meinen abendlichen Spaziergängen entdeckt habe. Zufällig huschte mir auch eine flinke Nordseegarnele vor die Kamera. Im UV-Licht kann man sie gut erkennen.

Was steckt dahinter?

Bei Abb. 6.7a und b handelt es sich um eine Schwimmkrabbe *(Portunus holsatus),* bei Abb. 6.7c um eine Nord-

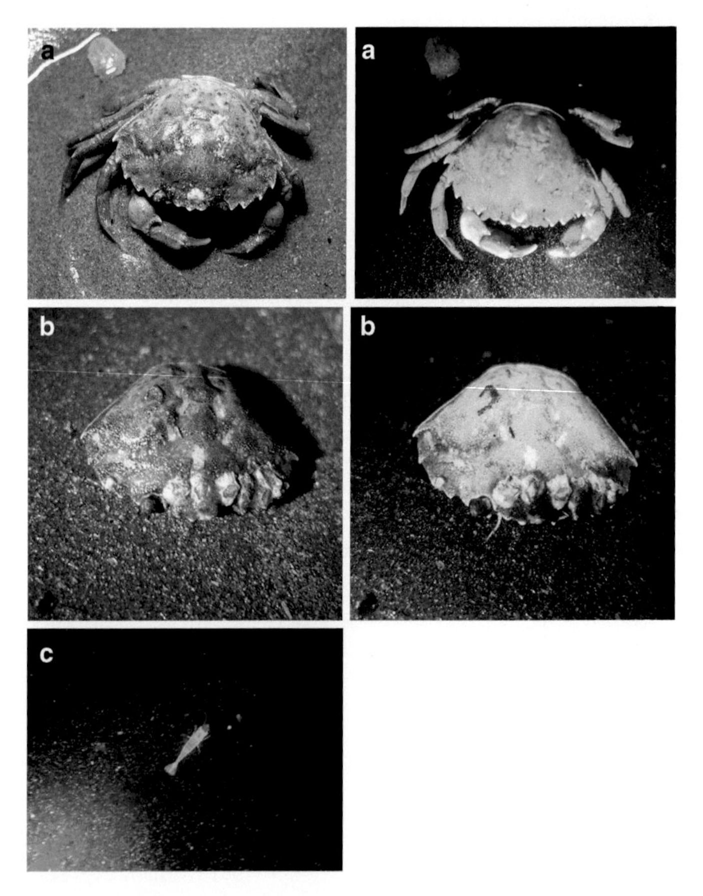

Abb. 6.7 **a** Eine angespülte, tote Schwimmkrabbe und **b** durch Häutung abgeworfener Rückenpanzer einer Schwimmkrabbe, jeweils beleuchtet mit weißem Licht (links) und mit UV-Licht (rechts). **c** Eine Nordseegarnele im UV-Licht

seegarnele (Crangon crangon) [9]. Die Panzer, Beine und Scheren dieser Krebstiere (Crustacea) bestehen hauptsächlich aus dem stickstoffhaltigen Zuckerkettenmolekül Chitin (20–30 %), dem Strukturprotein Arthropodin bzw. Sklerotin (30–40 %) und Kalk ($CaCO_3$, 30–50 %) [10, 11]. Aus dieser „Zementmischung" entstehen Fasern, die sich in- und übereinander zu superharten Platten (Cuticula) schichten. Der blaue Leuchteffekt beruht auf das Vorhandensein von Chitin, das aus Tausenden von Acetylglucosamin-Einheiten aufgebaut ist, das Fluoreszenzlicht mit einer Wellenlänge von etwa 430–440 nm, sprich: blaues Licht abstrahlt [12, 13]. Allerdings habe ich festgestellt, dass nicht alle gefundenen Krebspanzer im UV-Licht geleuchtet haben. Nur etwa jede dritte Cuticula erwies mir diese Ehre. Vermutlich war der Anteil an Chitin im Panzer zu gering.

6.2.3 Experiment: Unsichtbare Farbenvielfalt (Nordsee)

Sie brauchen

- Nordseestrand
- UV-Taschenlampe (365 nm)
- LED-Lampe
- etwas Mut, im Stockdunkeln durch die Sandbänke zu laufen

So klappt's

Beim Herumleuchten mit der weißen LED-Lampe in einer Sandbank bin ich auf eine rotviolettfarbene Alge gestoßen (Abb. 6.8a). Im UV-Licht fluoresziert dieses Stück Tang in schönem Orange (Abb. 6.8a). Was mich aber am meisten erstaunt hat, ist das plötzliche Sichtbarwerden anderer Algen, die ich im weißen Licht überhaupt nicht wahrgenommen habe. Erst durch die UV-Bestrahlung entpuppte sich die graue Schlammpfütze als farbenfrohe Ansammlung vieler filigraner Strukturen (Abb. 6.8a).

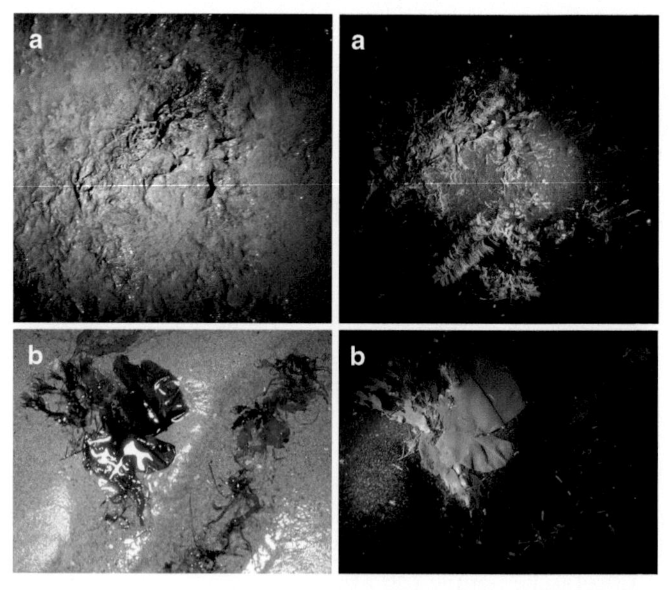

Abb. 6.8 **a** Unscheinbarer Schlamm mit einem Stück Rotalge in einer Sandbank bestrahlt mit weißem Licht (links) und mit UV-Licht (rechts). Filigranes Seemoos fluoresziert blau, die Rotalge leuchtet orange und kleinere Fetzen der grünen Darmalge erscheinen in knalligem Rot. **b** Algenmix aus Braunalge, Rot- und Grünalgen in einer Wellenfurche beleuchtet mit weißem Licht (links) und mit UV-Licht (rechts)

Was steckt dahinter?

Seemoos *(Sertularia cupressina)*, auch Zypressenmoos genannt, ist weder Moos oder Alge noch Tang, sondern ist ein Nesseltier und gehört zu den Hydrozoen [14, 15]. Dieses buschige Meerestier besteht aus einer Körperhülle aus Chitin mit vielen mehrfach gegabelten Chitin-Seitenästchen, die sich spiralförmig um den Stamm winden. Am Ende dieser Ästchen sitzen winzige Tentakeln-Kügelchen, die mit ihren Nesselfäden tierisches und pflanzliches Plankton einfangen. Normalerweise sitzt das Zypressenmoos fest verankert auf dem Meeresboden, doch die Schleppnetze der Krabbenfischer reißen sie ab und die Meeresströmung befördert sie an den Spülsaum. Aufgrund ihrer blass beigen oder grauen Farbe liegen sie oft unscheinbar im Watt, doch das UV-Licht macht sie als blaue „Palmenwedel" sichtbar.

Beim rotvioletten Stück „Tang" in Abb. 6.8a handelt es sich um den Roten Eichentang *(Phycodrys rubens/ Phyllophora rubens)* [16]. Abb. 6.8b zeigt einen Algenmix aus einer Braunalge (Palmentang, *Laminaria hyperborea*), einer Rotalge (Roter Eichentang, *Phycodrys rubens/ Phyllophora rubens*), zwei Grünalgenarten (Meersalat, *Ulva lactuca* und Gemeine Darmalge, *Ulva intestinalis*) sowie das Seemoos (*Sertularia cupressina*). Rotalgen *(Rhodophyten)* sind mit rund 6000 Arten weltweit in allen Meeren und Gewässern vertreten und enthalten ihrem Namen entsprechend rote Pigmente aus der Klasse der Phycobilline, wie beispielsweise das Phycoerythrin [17, 18]. Die roten Pigmente sind Photosynthesefarbstoffe und helfen den Algen beim Lichtsammeln unter Wasser, indem sie blaues und grünes Licht im Lichtsammelkomplex absorbieren und die Energie zum Reaktionszentrum des Photosyntheseapparats weiterleiten [19]. Je tiefer das Wasser, desto weniger Licht dringt zu den Algen. Das energiearme rote Licht, das vor allem vom grünen Chlorophyll aufgenommen wird, hat nur eine geringe „Eintauchtiefe", während das deutlich energiestärkere grüne und blaue Licht sehr weit ins Wasser eindringen kann. In der glasklaren Karibik hat man eine Algenart in erstaunlicher 260 m Tiefe entdeckt [17]. Die roten Pigmente, wie das Phycoerythrin, können mit einer Wellenlänge von etwa 580–590 nm, sprich: orange fluoreszieren [20, 21]. Das Chlorophyll der Grünalgen zeigt die typische rote Fluoreszenz.

Hintergrund

Ohne Rotalgen kein Sushi

Die Rotalge *Porphyra* wird vor allem in Japan in flachen Küstengewässern auf Netzen gezüchtet und nach deren Ernte als hauchdünne Blätter getrocknet. Unter dem Namen „Nori" kennt die ganze Welt diese meist dunkelrot-violetten „Folien" als mineralstoffreiche Umhüllung von Sushi-Speisen [18]. Allein in Japan werden jährlich rund 400.000 t Rotalgen als Nahrungsmittel verarbeitet. Nori-Blätter sind vitaminreich und weisen einen sehr hohen Proteingehalt von 30–50 % auf [22].

6.2.4 Experiment: Grelles Gelb (Ostsee & Nordsee)

Sie brauchen

- Ostseestrand oder Nordseestrand
- UV-Taschenlampe (365 nm)
- LED-Lampe

So klappt's

Suchen Sie am Spülsaum des Strandes nach rötlichen Algen. Im UV-Licht leuchten sie in grellem Gelborange spektakulär auf. Abb. 6.9a zeigt den Blutroten Meerampfer,

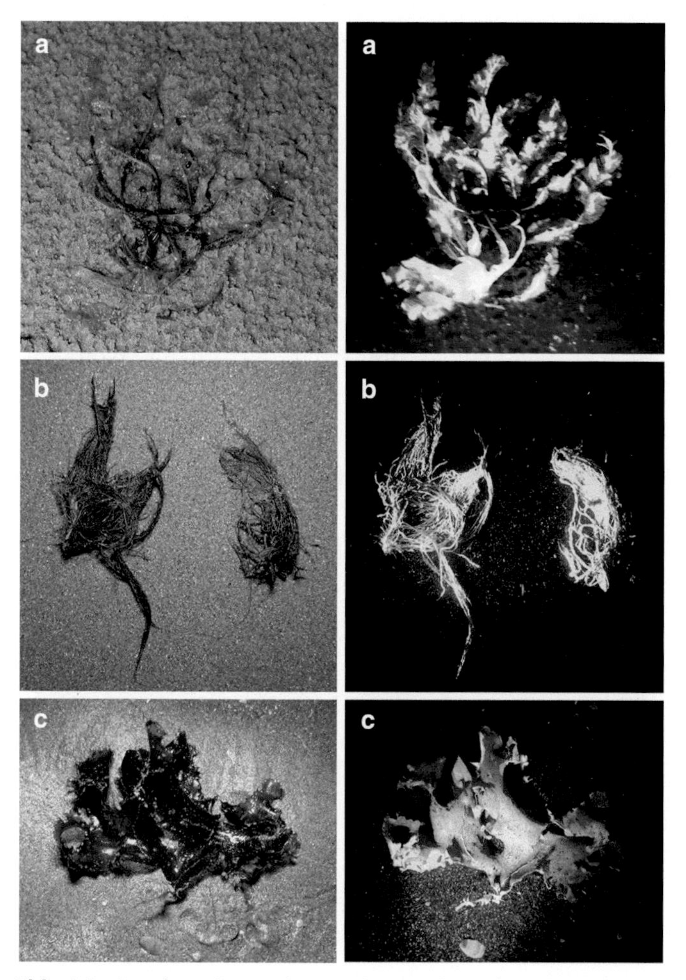

Abb. 6.9 Rotalgen im Spülsaum der Nord- und Ostsee, bestrahlt mit weißem Licht (links) und mit UV-Licht (rechts). **a** Blutroter Meerampfer am Ostseestrand auf Fischland-Darß. **b** Wurmblättrige Wattalge an der belgischen Nordsee. **c** Roter Eichentang an der belgischen Nordsee

einer schönen, aber empfindlichen Rotalge, deren Blätter wie Federn aussehen. In weißem Licht sind die feinen Fasern mit bloßem Auge kaum zu erkennen. Mit UV-Strahlen wird die filigrane Struktur jedoch gut sichtbar. Im Angespül der Nordsee bin ich zudem auf eine Wattalge (Abb. 6.9b) sowie auf den Roten Eichentang (Abb. 6.9c) gestoßen.

Was steckt dahinter?

Blutroter Meerampfer *(Delessaria sanguinea)* in Abb. 6.9a, die Wurmblättrige Wattalge *(Gracilaria vermiculophylla)* in Abb. 6.9b sowie der Rote Eichentang *(Phycodrys rubens/ Phyllophora rubens)* in Abb. 6.9c sind allesamt Rotalgen, deren Farbpigmente aus der Klasse der Phycobilline stammen [23]. Bei UV-Bestrahlung fluoreszieren sie in schönem Gelborange mit einer Wellenlänge von etwa 580–590 nm [19–21].

6.2.5 Blaue Qualle (Ostsee)

Falls Sie am Strand auf eine Qualle stoßen, werden Sie feststellen, dass auch manche dieser Nesseltiere im UV-Licht fluoreszieren. Abb. 6.10 zeigt eine gestrandete Qualle auf Fischland.

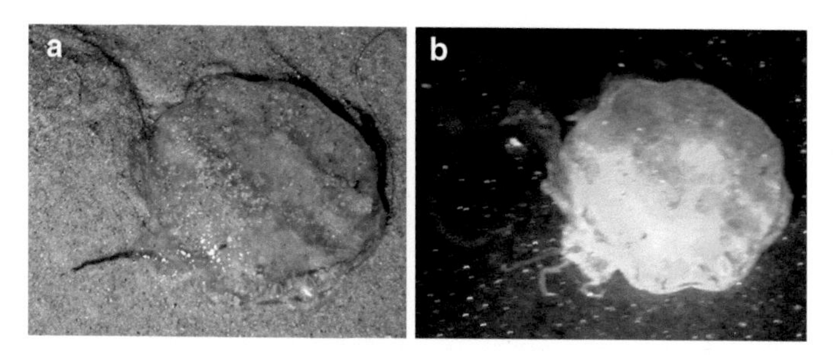

Abb. 6.10 Qualle und Grünalge, angeleuchtet **a** mit weißem Licht und **b** mit UV-Licht

6.2.6 Baby Blue

Man muss schon genau hinschauen, um ihn zu entdecken – ein toter Baby-Krebs, eine Mini-Strandkrabbe auf einem kleinen Stein. Im UV-Licht fluoresziert ihr Chitin-Panzer auffällig blau [12, 13]. In Abb. 6.11 ist rechts unten noch

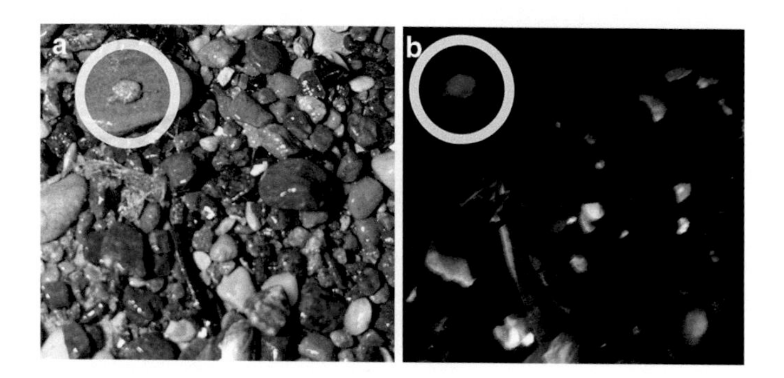

Abb. 6.11 Baby-Strandkrabbe (umkreist) am Spülsaum auf Fischland-Darß beleuchtet **a** mit weißem Licht und **b** mit UV-Licht. Rechts unten fluoresziert eine rote Baltische Plattmuschel

eine Baltische Plattmuschel („Rote Bohne“) zu sehen, die rötlich-violett leuchtet.

6.2.7 Müll am Strand

Beim abendlichen UV-Herumstrahlen am Strand von Lubmin stach mir schon von Weitem ein grell oranges Leuchten ins Auge. Voller Vorfreude, eine besondere Alge, Muschel oder Schnecke entdeckt zu haben, entpuppte sich das Teil als von Menschen gemachtes Kunststoffteilchen, das mit oranger Neonfarbe angemalt war. Ein mieses Mikroplastikteil (ca. 5 mm) und gleich daneben die Überreste eines Luftballons (Abb. 6.12). Die Verschmutzung unserer Meere fängt bereits mit solch kleinen Müllabfällen an. Sehr schade.

Abb. 6.12 Abfall am Ostseestrand auf Fischland-Darß, beleuchtet **a** mit weißem Licht und **b** mit UV-Licht: Der obere Teil eines Luftballons sowie ein neonfarbiges Mikroplastikteil

6.3 Gold der Ostsee und Hühnergötter

Bei meinen Exkursionen an die Ostseestrände habe ich immer wieder Urlauber am Strand beobachtet, die nach vorne gebückt langsam durch das Geröll schreiten; anscheinend auf der Suche nach Wertvollem. Fragt man diese Sammlerinnen und Sammler, dann hört man hauptsächlich von zwei „Schätzen", die es wert sind, gefunden zu werden: Bernstein und Hühnergötter. Ich habe mich daraufhin ebenfalls an zwei Tagen auf Fischland-Darß auf die gelegentliche Suche nach diesen Steinen gemacht und bin nach einigen Stunden Strandwanderns/Strandpirschens tatsächlich fündig geworden. Vielleicht wird durch solch eine „Schatzsuche" ein Strandspaziergang für Ihre Kinder attraktiver.

6.3.1 Ich finde was, was du nicht siehst – besondere Steine an der Ostsee

Bei genauerem Hinsehen, sich Bücken und im Geröll Herumwühlen findet man insbesondere in der Nähe von Kreidefelsen zahlreiche Kreide-Kleinfossilien, also Versteinerungen uralter Meerestiere, die aus der Kreidezeit (145–65 Mio. Jahre vor heute) stammen [24, 25]. Fossile Seeigel sind recht häufig. Steine der Schreibkreide entstanden vor etwa 70 Mio. Jahren am Ende der Kreidezeit aus Meeresablagerungen tierischer Kalkschalen. Man schätzt, dass für eine 35 m dicke Kreideschicht rund eine

Million Jahre nötig waren [25]. Die spektakulärsten und bekanntesten Kreidekliffe befinden sich auf Rügen und auf der Ostseite der dänischen Insel Møn [26], wo u. a. das fantastische Wissensmuseum „GeoCenter Møns Klint" mit spannenden Aktionen aufwartet [27]. Abb. 6.13 zeigt die Versteinerungen eines kleinen Seeigels *(Echinites)* sowie zweier Armfüßer *(Brachiapoda),* die ich auf Fischland-Darß gefunden habe.

Der häufigste Strandstein an der Ostsee ist der dunkle, oft schwarz-weiße Schreibkreide-Feuerstein, wobei der weiße Bereich an der Oberfläche die eigentliche Schreibkreide ist. Die Schreibkreide besteht überwiegend aus den rundlichen Kalkschalen der Dinoflaggelaten und ist ein Sediment- bzw. Ablagerungsgestein. Der Feuerstein selbst ist schwarz oder braun gefärbt [25, 28]. Er zählt zu den sogenannten Konkretionen, die in der Schreibkreide durch Lösung und Wiederausfällung von Siliciumdioxid (SiO_2) entstanden sind und unregelmäßig geformte Knollen bilden. Schreibkreide = Ablagerungsgestein = Calciumcarbonat, Feuerstein = Siliziumdioxid aus Kieselsäure. Ganz

Abb. 6.13 **a** Versteinerter Seeigel, Durchmesser: 2 cm (links) und versteinerter Armfüßer, Größe: 2 cm (rechts). **b** Versteinerter Armfüßer, Größe: 5 cm. Das Streichholz dient als Größenvergleich

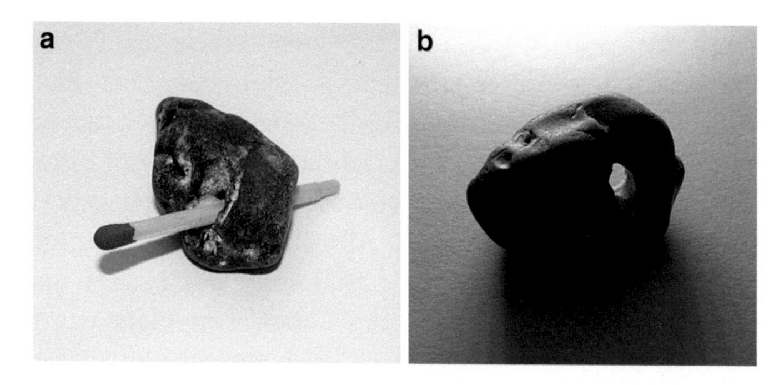

Abb. 6.14 Ein kleiner Hühnergötter-Feuerstein, Größe: 3 cm. **a** Das Streichholz dient als Größenvergleich sowie als Nachweis, dass sich im Feuerstein tatsächlich ein Loch befindet. **b** Der gleiche Hühnergott von hinten beleuchtet

hoch im Sammlerkurs stehen dabei durchlöcherte Feuersteine, sogenannte „Hühnergötter", die als Glücksbringer gelten [25, 29]. Ein kleines Exemplar zeigt Abb. 6.14. Die Entstehung der Löcher wird wie folgt erklärt: Während der Bildung des Feuersteins (Konkretion) wurden die bereits versteinerten, kalkhaltigen Meerestiere in die Schreibkreide eingeschlossen und durch Brandung und Verwitterung ausgewaschen, da ihr Material (Calciumcarbonat) weicher war als der sehr harte Feuerstein (Siliciumdioxid).

6.3.2 Bernstein, das Gold der Ostsee

Meistens lässt sich Bernstein in Holzgeröll („Rollholz") nach einem kräftigen Herbststurm finden, das aufgrund ähnlich großer Dichten zusammen mit kleinen Hölzchen an den Strandsaum gespült wird. Erfolgversprechende

Fundorte sind Usedom, Hiddensee sowie Fischland-Darß-Zingst [30]. Entstanden ist Bernstein aus Harz von Nadelbäumen, die im Tertiär (65–2,6 Mio. Jahre vor heute) vor rund 25–40 Mio. Jahren wuchsen. Auf Ästen oder am Baumstamm austretendes Harz enthielt mikroskopisch kleine Luftbläschen. Allmählich erstarrend sorgte die Sonneneinstrahlung für Erwärmung des Harzes und somit für die Entweichung des Gases. Das Harz wurde dadurch durchsichtig und klar – man spricht von „natürlicher Klärung" [30]. Je mehr Wärme, desto klarer, aber auch desto bräunlicher wurde das Harz und damit der Bernstein. Sie kennen sicher jene Prachtexemplare aus Film und Fernsehen, am besten noch mit eingeschlossenen Ur-Insekten, wie beim Kino-Blockbuster „Jurassic Park". 2023 wurde die weltweit größte jemals in Bernstein eingeschlossene Urzeit-Blüte mit knapp 3 cm Durchmesser neu unter die Lupe genommen, um Hinweise auf das damalige Klima zu finden [31]. Je weniger Sonnenlicht, desto weniger Wärme, desto trüber ein Bernstein. Am Stamm herunterlaufende Harze waren demnach klar, auf den Boden getropfte Harzmassen blieben trüb und milchig. Über die Jahrmillionen versteinerte das Harz und wurde letztendlich über Flüsse ins Meer abgetragen. Ein winziges Stückchen Bernstein habe ich tatsächlich gefunden und ich bin ganz stolz darauf (Abb. 6.15).

Um zu prüfen, ob sich tatsächlich um das versteinerte Harz handelt oder um einen gewöhnlichen Stein, bedient man sich am besten der Schwimmprobe. Dabei stellt man eine Kochsalzlösung aus zwei gehäuften Esslöffeln Kochsalz (30 g) in einem Glas Wasser (200 mL) her. Ist das Salz gelöst, legt man den mutmaßlichen Bernstein in das 15 %ige Salzwasser. Schwimmt der Stein, ist es Bernstein. Geht er unter, ist es nur Stein. Aufgrund seiner geringeren

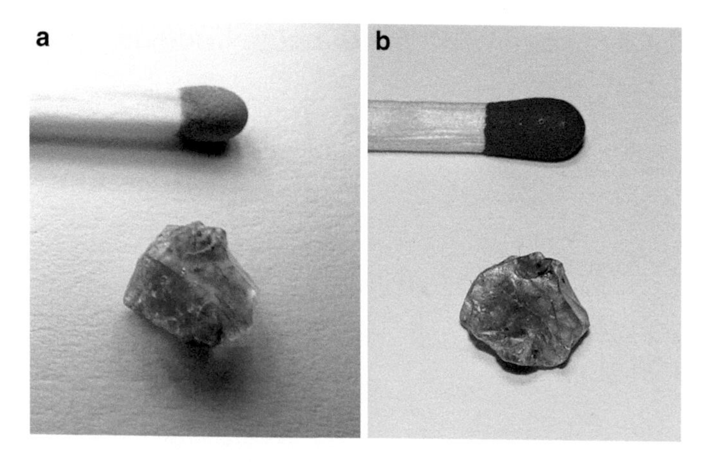

Abb. 6.15 a, b Bernstein-Stückchen (Flom), teilweise trüb durch Einschluss mikroskopisch kleiner Bläschen. Größe: 0,6 cm. Fundort: Fischland-Darß

Dichte schwimmt Bernstein auf der Salzlake. Dichte Bernstein: ca. 1,07 g/cm^3. Dichte 15 %ige Kochsalzlösung: rund 1,1 g/cm^3. Warnhinweis: Immer wieder werden an den deutschen Ostseestränden gelbliche Bröckchen aus weißem Phosphor angespült, die dem Bernstein zum Verwechseln ähnlich sehen. Weißer Phosphor ist hochgiftig und kann sich an der Luft von selbst entzünden, sobald er getrocknet ist. Er stammt aus Brandbomben britischer Luftschläge aus dem 2. Weltkrieg.

6.4 Sandlawinchen

Schon als Kind hat mir das „Sandlawinenbuddeln" viel Spaß gemacht, weil es total einfach und spannend war. Eine „Naturkatastrophe" im Miniformat ohne menschliche Verluste.

6.4.1 Experiment: Sandlawine buddeln

Sie brauchen

- kleine Düne an Nord- oder Ostsee
- Spieltrieb

So klappt's
Suchen Sie einen kleinen Dünenhügel und buddeln Sie am „Hang" mit den Fingern etwas Sand nach unten weg. Besonders gut funktioniert es, wenn es am Abend vorher geregnet hat und der oberflächige Sand noch etwas feucht ist. Die obere (feuchte) Sandkruste bleibt beim Abgraben stehen, während unter ihr der trockene, feine Sand lawinenartig abgeht. Für kurze Zeit „läuft" die Mini-Sandlawine von selbst. Ein Video dazu ist unter Abb. 6.16 abrufbar.

Was steckt dahinter?
Sand besteht hauptsächlich aus den beiden in der Erdkruste am häufigsten vorkommenden Elementen Silicium und Sauerstoff [32]. Dabei sind die Siliciumatome mit jeweils vier Sauerstoffatomen in Form von Tetraedern miteinander zu einem dreidimensionalen, regelmäßigen Kristallgitter verknüpft. Das Siliciumatom sitzt in der Mitte des Tetraeders und die vier Sauerstoffatome besetzen die vier Ecken. Jeder SiO_4-Tetraeder ist dabei mit vier weiteren SiO_4-Tetraedern über ihre gemeinsamen Sauerstoffatome verbunden [33].

Feuchten Sand kann man gut formen und damit Sandburgen bauen, ja sogar spektakuläre Sandfiguren lassen

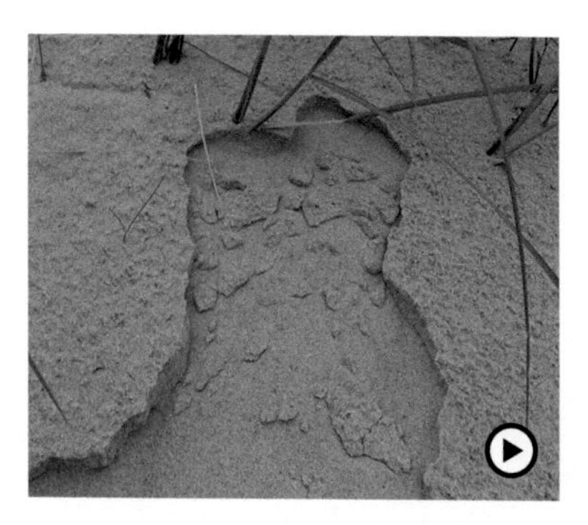

Abb. 6.16 Mini-Sandlawine am Ostseestrand: Das Video zeigt, was passiert, wenn der Reibungswinkel größer und die Reibungskraft kleiner wird. Video Beschreibung: An einem kleinen Dünenhang wird per Hand etwas Sand abgegraben, bis eine kleine Sandlawine entsteht URL: ▸ https://doi.org/10.1007/000-a6f

sich herausarbeiten. Die beiden Wasserstoffatome von Wasser (H_2O) sind etwas „positiviert" und können mit den etwas „negativierten" Sauerstoffatomen des Sandes (SiO_2 bzw. SiO_4) in Wechselwirkung treten. Sie geben sich – anschaulich gesagt – die Hand, machen Shakehands. Der Chemiker spricht eher von Wasserstoffbrückenbindungen. Jedes Sandkorn kann mit Wassermolekülen „Händchen halten" und somit pappt der gesamte Sand zusammen. Abb. 6.17 macht das in einer anschaulichen Grafik nochmals deutlich.

Nassen Sand kann man formen, schneiden, ritzen usw. Er klebt an den Händen, den Beinen, an der Schippe und im Förmchen. Es handelt sich dabei um eine Adhäsion. Insbesondere nach Regen, bei Nebel oder hoher Luftfeuchtigkeit ist die obere Sandschicht meistens etwas feucht. Daher hält die obere Schicht der Sandlawine für eine gewisse Zeit durch Adhäsionskräfte zusammen. Der darunter liegende trockene Sand ist weitgehend wasserfrei und sehr rieselfähig. Die Kraft, die diese trockenen Sandkörnchen an einem Dünenhügel zusammenhält, ist die

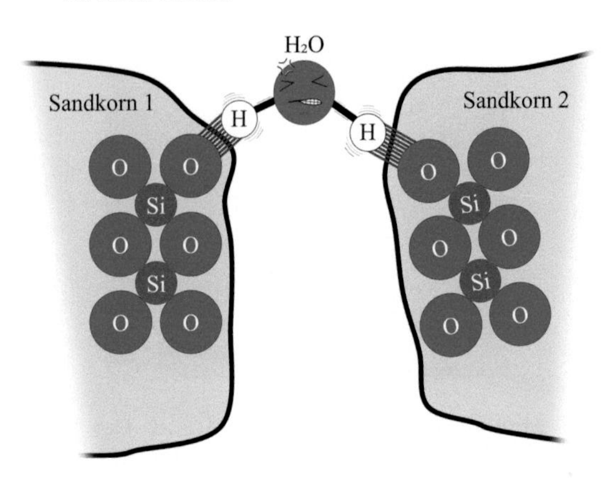

Abb. 6.17 Adhäsion oder: Wie Wasser die Sandkörner zusammenhält. H = Wasserstoffatom (weiß), O = Sauerstoffatom (blau), Si = Siliciumatom (grau). Grafik: Melvin Müller

Reibungskraft, genauer gesagt, die Haftreibungskraft [34]. Durch ihre raue Oberfläche verhaken und reiben sich die Körnchen gegenseitig. Im Sandberg steht die Reibungskraft entgegen der senkrecht zur Auflagefläche wirkenden Normalkraft. Bei horizontaler Lage ist die Normalkraft gleich der zum Erdmittelpunkt ziehenden Schwerkraft bzw. Gewichtskraft [34]. Wichtig bei dieser Betrachtung ist der alles entscheidende Reibungswinkel. Bevor die Seiten des Sandhügels einen Neigungswinkel von 45° erreichen, beginnt der Sand zu rutschen [34]. Genau das passiert bei diesem Experiment. Durch das „Wegbuddeln" des unten liegenden Sandes wird der Reibungswinkel größer (steiler), bis der kritische Wert überschritten ist und sich eine kleine Sandlawine ablöst.

Dieses Phänomen lässt sich auch bei großen, aufgeschütteten Sandbergen auf Baustellen beobachten. Ein Sandberg – egal wie groß und hoch er ist – wird stets einen Neigungswinkel unter 45° aufweisen, ansonsten wird der Sand augenblicklich ins Rutschen kommen.

Steile, spitze Sandberge werden Sie niemals zu Gesicht bekommen.

Hintergrund

Adhäsion
Anziehung bzw. Wechselwirkung zwischen Teilchen *verschiedener* Stoffe. Beispiele: Klebstoff und das zu klebende Material; Briefmarke am angeleckten Finger; Lötstelle; nasses Laub auf dem Boden; Mörtel und Ziegelstein.

Kohäsion
Anziehung bzw. Wechselwirkung zwischen Teilchen *eines* Stoffes. Beispiele: Wasser/Wassertropfen – die Wassermoleküle im Wasser ziehen sich gegenseitig an und bilden Wasserstoffbrückenbindungen aus; zweiter Farbanstrich auf die gleiche Farbe; das Ziehen an einem Seil.

Die typische Korngröße des Nord- und Ostseesandes liegt zwischen 0,06 und 2 mm.

6.5 Hinterm Horizont … geht's weiter …

Was Udo Lindenberg in seinem Hit von 1986 so hörenswert und typisch vor sich hin sing-nuschelt ist für uns heute selbstverständlich. Zu jenen dunklen Zeiten Galileo Galileis wurde man dafür allerdings schon mit dem Feuertod oder zumindest mit Ächtung oder Untersagung bedroht. Im letzten Experiment meines Buches soll unser Blick über das weite Meer bis zum Horizont schweifen. Egal, ob man am Mittelmeer, an der Nord- oder Ostsee seine Seele baumeln lässt – die Weite des Meeres ist für mich immer wieder ergreifend schön.

6.5.1 Experiment: Das Meer … unendliche Weite … oder doch nicht?

Wir befinden uns in 60 m Höhe auf der Aussichtsplattform des „Neuen Leuchtturms“ auf Borkum (der Leuchtturm mitten im Zentrum mit der roten „Mütze“). Von dort oben hat man einen herrlichen Blick über die ganze Insel und das schöne Wattenmeer. Am Horizont geht die Sommersonne mit Glanz und Gloria unter. Nur die zahlreichen gewaltigen Windräder der 15, 37 bzw. 45 km entfernten Offshore-Windparks „Riffgat“ sowie „Riffgrund I und II“ beeinträchtigen den ungetrübten Anblick des roten Feuerballs. Aber wie weit kann man eigentlich sehen? Wie weit ist der Horizont, bedingt durch die kugelförmige Erdkrümmung, entfernt? Das kann man leicht berechnen. Falls Ihre Kinder Sie mal irgendwann löchern und nervend fragen, wozu man im Leben überhaupt Mathe braucht, dann finden Sie hier eine Antwort: Horizonterweiterung im wahrsten Sinne des Wortes mit dem Satz des Pythagoras.

Sie brauchen

- Weitsicht (z. B. am Strand stehend oder auf einem Leuchtturm)
- Zollstock oder Metermaß
- Taschenrechner (im Smartphone)
- ein bisschen Mathe

So klappt’s

Mit der sogenannten „Horizontformel“ kann man die Horizontentfernung s in Kilometern sehr leicht berechnen [35]. Sie lautet $s = 3{,}57 \cdot \sqrt{h}$. Dabei steht h für die Augenhöhe des Horizontguckers und wird in Metern angegeben. Auf der Aussichtsplattform des Leuchtturms beträgt die

Höhe $h=60$ m. Eingesetzt in die Formel ergibt sich für s eine Länge von etwa 27,7 km.

Messen Sie mit einem Zollstock oder Metermaß Ihre Augenhöhe und/oder die Ihrer Kinder. Meine Blickhöhe beträgt 1,75 m. Eingesetzt in die Formel komme ich auf gut 4,7 km Sichtweite bis zum Horizont. Und Sie? Und ihr?

Was steckt dahinter?

Der „beliebte" Satz des Pythagoras macht es möglich. Mithilfe der Grafik in Abb. 6.18 sollen die mathematischen Grundlagen anschaulich klargemacht werden.

In einem rechtwinkligen Dreieck gilt die grundlegende Gl. 6.1, wie die Seite gegenüber dem rechten Winkel

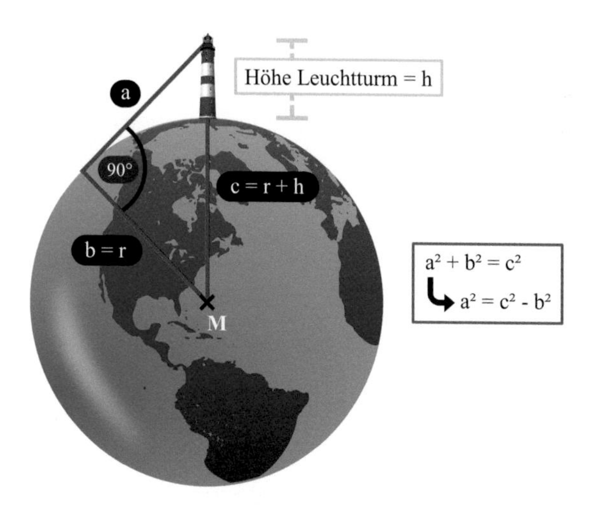

Abb. 6.18 Grafik zur Veranschaulichung der Horizontweite mithilfe des Satzes des Pythagoras: $a=$die zu bestimmende Entfernung vom Standort (Leuchtturm) bis zum Horizont trifft die Oberfläche tangential senkrecht zum Erdradius. b entspricht dem Erdradius $r=6371$ km. c setzt sich zusammen aus dem Erdradius r plus der (Augen-)Höhe des Betrachters (hier: in 60 m Höhe auf dem Leuchtturm). M ist der Erdmittelpunkt (nach [36, 37]). Grafik: Melvin Müller

(c = Hypotenuse) mit den beiden anderen Seiten (a und b = Katheten) zusammenhängt.

$$a^2 + b^2 = c^2 \tag{6.1}$$

Gesucht ist die Länge a. Daher wird die Gleichung nach a aufgelöst (Gl. 6.2):

$$a^2 = c^2 - b^2 \tag{6.2}$$

Es gilt: b entspricht dem Erdradius r, der hier als mittlerer Wert mit 6371 km gewählt wird. Also: $b = r = 6371$ km

Die Länge der Hypotenuse c setzt sich zusammen aus dem Erdradius r und der (Augen-)Höhe h des Standortes. Dies führt zur Gl. 6.3, mit der man übrigens über die binomische Formel auch zur o. g. „Horizontformel" kommt.

$$a^2 = (r + h)^2 - r^2 \tag{6.3}$$

Im vorliegenden Fall beträgt die Höhe h der Aussichtsplattform des Borkumer Leuchtturms 60 m. Also: $c = r + h = 6371$ km $+ 60$ m. Nun setzt man die Werte ein, wobei die 60 m in 0,06 km umgerechnet werden müssen. Dadurch erhält man folgende Rechnung (Gl. 6.4) und nach Wurzelziehen das Ergebnis in km.

$$a^2 = (6371{,}06\ \text{km})^2 - (6371\ \text{km})^2 \tag{6.4}$$

$$a = \sqrt{6371{,}06^2 - 6371^2}$$

$$a = \sqrt{764{,}5236}$$

$$a = 27{,}7\ \text{km}$$

Mit einer Erwachsenen-Augenhöhe von 1,70 m (= 0,0017 km) ergibt sich eine Horizontweitsicht von etwa 4,7 km. Kinder mit einer Blickhöhe von beispielsweise 1,20 m können 3,9 km weit sehen. Die Sichtweite der Gemeinen Strandkrabbe mit einer mutmaßlichen Augenhöhe von 2 cm beläuft sich auf magere 500 m. Das muss für sie reichen.

Literatur

1. E. Breitmaier und G. Jung, *Organische Chemie*, 7., vollständig überarbeitete und erweiterte Aufl., Georg Thieme Verlag, Stuttgart, **2012**, S. 570–572.
2. a) S. Schramm und D. Weiß, *Biolumineszenz: Das bunte Leuchten der Natur und dessen chemische Mechanismen, Teil 1: Terrestrische Biolumineszenz*, Chem. Unserer Zeit, 57, **2023**, S. 6–19. b) S. Schramm und D. Weiß, *Biolumineszenz: Das bunte Leuchten der Natur und dessen chemische Mechanismen, Teil 2: Maritime Biolumineszenz*, Chem. Unserer Zeit, 57, **2023**, S. 148–161.
3. V. Storch und U. Welsch, *Kurzes Lehrbuch der Zoologie*, 8., neu bearbeitete Aufl., Springer Spektrum Verlag, Berlin Heidelberg, **2012**, S. 441–443.
4. https://www.neuharlingersiel.de/entdecken/erlebnisse-in-neuharlingersiel/meeresleuchten/ (Stand: 01.08.2023)
5. https://www.nationalparkhaus-wattenmeer.de/nationalpark-haus-wurster-nordseekueste/archivfacebook (Stand: 01.08.2023)
6. https://www.domgymnasium-magdeburg.de/de/aktuelles/news/eintrag/nawi-woche-2022-auf-hallig-hooge/ (Stand: 01.08.2023)
7. R. Reinicke, *Funde am Ostseestrand*, 2. Aufl., Demmler Verlag, Ribnitz-Damgarten, **2011**, S. 43.
8. T. Katoh, U. Nagashima and M. Mimuro, *Fluorescence properties of the allenic carotenoid fucoxanthin: Implication for*

energy transfer in photosynthetic pigment systems, Photosynth. Res., 27, **1991**, S. 221–226.
9. G. Quedens, *Strand und Wattenmeer*, 10., überarbeitete Aufl., BLV Buchverlag, München, **2013**, S. 60–65.
10. V. Storch und U. Welsch, *Kurzes Lehrbuch der Zoologie*, 8., neu bearbeitete Aufl., Springer Spektrum Verlag, Berlin Heidelberg, **2012**, S. 87–88.
11. L. Urry, M. Cain, S. Wasserman, P. Minorsky und J. Reece, M., *Campbell Biologie*, 11., aktualisierte Aufl., Pearson Verlag Deutschland, München, **2019**, S. 102.
12. M. D. Rabasovic, D. V. Pantelic, B. M. Jelenkovic et al., *Nonlinear microscopy of chitin and chitinous structures: a case study of two cave-dwelling insects*, J. Biomed. Opt., 20, **2015**, S. 016010-1–016010-10.
13. Q. Dong, W. Qiu, L. Li, N. Tao et al., *Extraction of chitin from white shrimp (Penaeus vannamei) shells using binary ionic liquid mixtures*, J. Ind. Eng. Chem., **2023**, in press
14. V. Storch und U. Welsch, *Kurzes Lehrbuch der Zoologie*, 8., neu bearbeitete Aufl., Springer Spektrum Verlag, Berlin Heidelberg, **2012**, S. 460–462.
15. G. Quedens, *Strand und Wattenmeer*, 10., überarbeitete Aufl., BLV Buchverlag, München, **2013**, S. 38.
16. G. Quedens, *Strand und Wattenmeer*, 10., überarbeitete Aufl., BLV Buchverlag, München, **2013**, S. 36.
17. L. Urry, M. Cain, S. Wasserman, P. Minorsky und J. Reece, M., *Campbell Biologie*, 11. aktualisierte Aufl., Pearson Verlag Deutschland, München, **2019**, S. 806–807.
18. J. L. Slonczewski und J. W. Foster, *Mikrobiologie*, 2. Aufl., Springer Spektrum Verlag, Berlin Heidelberg, **2012**, S. 894–895.
19. H. Bannwarth, B. P. Kremer und A. Schulz, *Basiswissen Physik, Chemie und Biochemie*, 4., aktualisierte Aufl., Springer Spektrum Verlag, Berlin, **2019**, S. 412–414.
20. C. S. French and V. K. Young, *The fluorescence spectra of red algae and the transfer of energy from phycoerythrin to phycocyanin and chlorophyll*, J. Gen. Physiol. 35, **1952**, S. 873–890.

21. M. Beutler, K. H. Wiltshire, C. Reineke and U.-P. Hansen, *Algorithms and practical fluorescence models of the photosynthetic apparatus of red cyanobacteria and Cryptophyta designed for the fluorescence detection of red cyanobacteria and cryptophytes*, Aquat. Microb. Ecol. 35, **2004**, S. 115–129.
22. https://de.wikipedia.org/wiki/Nori (Stand: 01.08.2023)
23. R. Reinicke, *Funde am Ostseestrand*, 2. Aufl., Demmler Verlag, Ribnitz-Damgarten, **2011**, S. 48.
24. R. Reinicke, *Steine am Ostseestrand*, 7. Aufl., Demmler Verlag, Ribnitz-Damgarten, **2021**, S. 36–55.
25. D. Sicker, *Kreide und Feuerstein – ungleiche Geschwister*, Chem. Unserer Zeit, 56, **2022**, S. 197–202.
26. R. Reinicke, *Steine am Ostseestrand*, 7. Aufl., Demmler Verlag, Ribnitz-Damgarten, **2021**, S. 29.
27. https://moensklint.dk/de?lang=de (Stand: 01.08.2023)
28. R. Reinicke, *Steine am Ostseestrand*, 7. Aufl., Demmler Verlag, Ribnitz-Damgarten, **2021**, S. 24–28.
29. R. Reinicke, Steine am Ostseestrand, 7. Aufl., Demmler Verlag, Ribnitz-Damgarten, **2021**, S. 32–33.
30. R. Reinicke, Steine am Ostseestrand, 7. Aufl., Demmler Verlag, Ribnitz-Damgarten, **2021**, 62–69.
31. E.-M. Sadowski and C.-C. Hofmann, *The largest amber-preserved flower revisited*, Sci. Rep., 13, **2023**, S. 1–11.
32. G. Markl, *Minerale und Gesteine*, 3. Aufl., Springer Spektrum Verlag, Berlin Heidelberg, **2015**, S. 440.
33. Holleman/Wiberg, *Anorganische Chemie*, 103. Aufl., Walter de Gruyter Verlag, Berlin, **2017**, S. 1099–1102.
34. P. A. Tipler und G. Mosca, *Physik*, 8., korrigierte und erweiterte Aufl. (Hrsg.: P. Kersten und J. Wagner), Springer Spektrum Verlag, Berlin, **2019**, S. 118–122.
35. https://www.rhetos.de/html/lex/horizontformel.htm (Stand: 01.08.2023)
36. https://www.bretagne-tip.de/horizont-des-meeres/berechnung.php (Stand: 01.08.2023)
37. B. P. Kremer, *Vom Strandkorb aus betrachtet*, 1. Aufl., Springer Verlag, Berlin, **2021**, S. 119–122.

Glossar

Abgaskatalysator Reinigungsanlage für die Abgase von Verbrennungsmotoren in Kraftfahrzeugen, auch kurz 3-Wege-Kat genannt. In drei chemischen Umwandlungsprozessen werden die drei Schadstoffe Kohlenmonoxid (CO), Stickoxide (NO_x) und unvollständig verbranntes Benzin oder Diesel zu Kohlendioxid (CO_2), Stickstoff (N_2) und Wasser (H_2O) umgesetzt. Daher der Name „3-Wege-Kat". Herzstück des in der Auspuffanlage montierten Katalysators sind poröse Keramikwaben, die mit Edelmetallen wie Platin, Palladium oder Rhodium als aktive Katalysatorsubstanzen beschichtet sind.

Absorption Aufnahme von Lichtenergie durch einen farbigen Körper. Bei der Aufnahme von Lichtenergie erwärmt sich der Körper und strahlt Wärme in Form von Infrarotlicht wieder ab. Schwarze Autokarosserien werden im Sonnenlicht sehr viel heißer als weiße oder silberne Autos. Durchsichtige Körper nehmen kein Licht auf.

Acetylglucosamin Eine Variante der Glucose (Traubenzucker), bei der eine OH-Gruppe durch $-CH_3$, Sauerstoff (O)

A. Korn-Müller, *Der Natur auf der Spur*,
https://doi.org/10.1007/978-3-662-67398-0

und Stickstoff (N) ersetzt wurde. Dieser Einfachzucker ist u. a. der Baustein des Chitins, das aus Tausenden Acetylglucosamin-Einheiten besteht und vom Aufbau der Cellulose recht ähnlich ist.

Adhäsion Anziehung bzw. Wechselwirkung zwischen Teilchen *verschiedener* Stoffe. Beispiele: Klebstoff und das zu klebende Material; Briefmarke am angeleckten Finger; Lötstelle; nasses Laub auf dem Boden; Mörtel und Ziegelstein.

Akzessorische Pigmente Natürliche, pflanzliche Farbstoffe der Photosynthese, wie die Carotinoide oder Xanthophylle, welche Licht sammeln, absorbieren und die Energie auf das Chlorophyll im Photosynthese-Apparat übertragen können. Sie werden auch als Hilfspigmente bezeichnet.

Albedo Rückstrahlvermögen der Oberfläche eines Körpers, eines Gegenstands oder einer Naturfläche. Je mehr Licht reflektiert wird, desto höher ist der Albedoeffekt des betreffenden Körpers. Ein Albedo-Wert von 0,4 bedeutet: 40 % des einfallenden Sonnenlichts werden reflektiert und zurückgeworfen und 60 % des Lichts werden durch den Körper aufgenommen (absorbiert). Beispiele: weiße Eisflächen oder Wolken haben einen Albedo-Wert von 0,6–0,9, Grünflächen etwa 0,15–0,2, Sand- und Wüstenflächen 0,3–0,6 und Ozeane nur ca. 0,1.

Aminosäuren Bausteine der Proteine (Eiweißstoffe). Es gibt 20 proteinogene, also in natürlichen Proteinen vorkommenden Aminosäuren. Sie bilden die Grundlage allen Lebens, denn sämtliche Proteine bewirken quasi alles: Aufbau von Zellen, Enzyme, Verdauung, Photosynthese usw.

Angeregter Zustand Die Elektronen eines Atoms befinden sich normalerweise im energieärmsten Zustand, dem „Grundzustand". Durch Aufnahme von Energie, beispielsweise durch Licht oder Wärme, können Elektronen in Zustände höherer Energie übergehen. Diese werden als „angeregte Zustände" bezeichnet.

Anthocyane Wasserlösliche, natürliche Farbstoffe aus der Pflanzenwelt. Der Name stammt aus dem Griechischen und bedeutet „blaue Blüte". Fast alle roten, violetten oder blauen

Blüten, Blätter, Früchte oder Schalen enthalten Anthocyane, wie beispielsweise Blaubeeren, Brombeeren, Holunderbeeren, Himbeeren, Erdbeeren, Pflaumen, Granatäpfeln, Rotkraut, Rotkohl, Radieschen, Pelargonien, Hortensien, Hibiskus u. v. a.

Anthropogen Menschengemacht, von Menschen verursacht. Insbesondere bezogen auf den Klimawandel.

Anticancerogen Substanzen, die eine Krebsbildung verhindern oder hinauszögern, werden als anticancerogen bezeichnet.

Antimykotisch Substanzen, die gegen Pilze wirken und sie abtöten, werden als antimykotisch bezeichnet.

Armfüßer *(Brachiapoda)* Im Meer lebende Tierchen, die ähnlich aussehen wie Muscheln und als Versteinerungen in die Schreibkreide (= Ablagerungsgestein) eingebettet wurden. Sie lebten schon vor über 500 Mio. Jahren auf der Erde.

Aromatisch Für viele Leute bedeutet es „wohlriechend" oder „wohlschmeckend". Für den Chemiker steckt ein Ring aus sechs Kohlenstoffatomen dahinter, der wie eine Bienenwabe aussieht und besondere chemische Eigenschaften aufweist. Die freien Elektronen aller sechs Kohlenstoffatome sind gleichmäßig über den gesamten Ring verteilt und bilden quasi eine Einheit, eine Elektronen-Wolke.

Arthropodin Wildes Gemisch aus Hunderten verschiedener Strukturproteinen, das zusammen mit Chitin das harte Außenskelett der Gliederfüßer und Krebstiere bildet.

Atmosphäre Gasförmige Hülle der Erde, bestehend aus Stickstoff (ca. 78 %), Sauerstoff (etwa 21 %), Argon (ca. 0,9 %) sowie Spurengasen wie Wasserdampf, Ozon, Kohlendioxid, Methan, Lachgas u. a. Die Atmosphäre teilt sich auf in Troposphäre, Stratosphäre, Mesosphäre, Thermosphäre und Exosphäre, die ab etwa 800 km Höhe beginnt. In der Stratosphäre befindet sich die Ozonschicht, die vor allem die schädliche UV-C- und Teile der UV-B-Strahlung absorbiert. Die Raumstation ISS zieht in der Thermosphäre in rund 400 km Höhe ihre Bahnen.

Atom Kleinste Teilchen der Materie, die sich nicht weiter zerlegen lassen, ohne sie zu zerstören. Zwar bedeutet das griechische Wort Atom „unteilbar", aber heutzutage wissen wir durch präzise Messungen an Teilchenbeschleunigern, dass Atomkerne ihrerseits aus noch kleineren Teilchen, den Quarks bestehen, den tatsächlichen Elementarteilchen.

ATP Adenosintriphosphat. *Der* universelle Energieträger allen Lebens. Es besteht aus einem Zucker (Ribose), einer Stickstoffbase (Adenin) und drei Phosphat-Einheiten. Bei der Abspaltung einer Phosphat-Einheit wird die chemisch gebundene Energie freigesetzt und kann von den Zellen genutzt werden, beispielsweise für den Aufbau von Glucose aus Kohlendioxid bei der Photosynthese.

Bakterien Mikroskopisch kleine Einzeller sowie Prokaryoten, die keinen Zellkern besitzen. Bakterien sind Wasserbewohner. Ohne Wasser oder Feuchtigkeit, keine Bakterien. Daher machen wasserentziehende Substanzen wie Salz und Zucker oder auch das Trocknen Lebensmittel haltbar.

Bakteriostatisch Substanzen, die gegen Bakterien wirken und ihre Vermehrung hemmen, werden als bakteriostatisch bezeichnet.

Bärtierchen Winzige Tierchen mit einer Größe von 400–1500 μm, die in oder an Gewässern und feuchten Moosen leben. Sehen aus wie kleine Bären (allerdings mit 6 Beinen).

Base Chemisch gesehen bestehen Basen aus einem positiv geladenen Metallion und einer negativ geladenen OH-Grupperuppe ($Me^+ + OH^-$). Sie werden als Protonenfänger bezeichnet, weil ihre Hydroxid- (OH^-)-Gruppe Protonen (H^+-Ionen) von Säuren aufnehmen und damit zu Wasser reagieren können. Basen sind das „Gegenstück" zu Säuren. Bekannte Basen sind z. B. Natronlauge und Kalilauge.

Benzin Gemisch aus leicht siedenden, flüssigen Kohlenwasserstoffen mit Kettenlängen von 5–10 Kohlenstoffatomen (u. a. Pentan, Hexan, Oktan), das durch Destillation aus Erdöl gewonnen und als Kraftstoff in Verbrennungsmotoren eingesetzt wird.

Benzylisothiocyanat Isothiocyanate sind schwefelhaltige Substanzen mit der chemischen Formel R-N=C=S, wobei R der Benzylrest wäre. Benzylisothiocyanat hat antimikrobielle und anticancerogene Wirkung. Auch Senföle gehören zu den Isothiocyanaten, beispielsweise das Allylsenföl $CH_2=CH-CH_2-N=C=S$. Sie riechen und schmecken stechend und scharf und geben u. a. Senf, Radieschen, Rettich und Kresse ihre charakteristische Schärfe.

Bernstein Versteinertes Baumharz von Nadelbäumen. Das beliebte fossile Harz findet man hauptsächlich im Ostseeraum. Die meisten Bernsteine entstanden im Tertiär vor etwa 55 Mio. Jahren.

Beugungsmuster Unter Beugung versteht man die Ablenkung von Licht- oder Schallwellen an Hindernissen. Sie zeigen typischerweise abwechselnd helle und dunkle Bereiche sowie Ring- oder Streifenmuster.

Bimetall Metallstreifen, der aus zwei unterschiedlichen, fest miteinander verbundenen Metallschichten besteht, beispielsweise Messing und Stahl. Bei Temperaturerhöhung führt die unterschiedlich starke Wärmeausdehnung beider Metalle zu einer Biegung nach oben oder unten. Dieser Effekt wird zur Temperaturregelung u. a. bei Heizungen, Bügeleisen, Wasserkochern, Toastern, Boilern und Kaffeemaschinen ausgenutzt.

Biolumineszenz Enzymatisch katalysierte Chemolumineszenz („kaltes Licht") in Lebewesen (z. B. Glühwürmchen, Meeresleuchttierchen).

Biopolymer Lange Ketten oder riesige Moleküle, die in Lebewesen hergestellt werden, also natürlichen Ursprungs sind. Beispiele: Cellulose, Chitin, Proteine, Kollagen, Stärke.

Blaualgen Sind keine Algen, sondern Cyanobakterien. Betreiben Photosynthese sowohl mit Chlorophyll als auch mit blauen Lichtsammelfarbstoffen (z. B. Phycocyanin) und besiedeln bereits seit 3,5 Mrd. Jahren die Erde. Manche Arten nutzen Schwefelwasserstoff statt Wasser bei der Photosynthesereaktion.

Braunalgen Echte Algen, die im Meer leben und hauptsächlich im Watt und an felsigen Küsten vorkommen. Sie können bis zu 70 m lang werden.

Brechung (Snellius'sches Brechungsgesetz) Gelangt Licht durch zwei verschieden dichte Medien, wie beispielsweise Luft und

Glas oder Luft und Wasser, werden die Lichtstrahlen an den Grenzflächen gebrochen. Beim Übergang des Lichtstrahls vom optisch dünneren ins optisch dichtere Medium wird das Licht zum Einfallslot hin gebrochen, d. h., der Brechungswinkel ist kleiner als der Einfallswinkel. Beim Übergang des Lichtstrahls vom optisch dichteren ins optisch dünnere Medium wird das Licht vom Einfallslot weggebrochen, d. h., der Brechungswinkel ist größer als der Einfallswinkel. Formel: $n_1 \sin\alpha = n_2 \sin\beta$. Benannt wurde dieses Gesetz nach Willebrord van Roijen Snell (1580–1626).

Brechzahl Auch als Brechungsindex bezeichnet. Die Brechzahl ist ein Maß für die Ausbreitungsgeschwindigkeit des Lichts in einem bestimmten Medium. Luft hat den Wert von 1,0, Wasser rund 1,3 und Glas etwa 1,5. Das Verhältnis der Brechzahl eines Mediums zur Brechzahl von Luft bestimmt den Winkel, mit dem ein Lichtstrahl an der Grenzfläche von Luft und Medium gebrochen wird.

Bryologie Mooskunde.

Carotinoide Fettlösliche, wasserunlösliche, natürliche Farbstoffe aus der Pflanzenwelt. Der Name leitet sich aus dem Lateinischen für „Möhre, Karotte“ ab. Das Suffix „-oid“ bedeutet „ähnlich“. Bisher sind rund 700 natürlich vorkommende Carotinoide bekannt, Die „Ursubstanz“, das Carotin, besteht aus 40 Kohlenstoff- und 56 Wasserstoffatomen. Allseits bekannt ist das ß-Carotin, auch Provitamin A genannt, welches im Körper zu Vitamin A umgewandelt wird. Carotinoide sind in der Lage, Licht zu sammeln und sind an der Photosynthese maßgeblich als akzessorische Pigmente (= Hilfspigmente) beteiligt. Außerdem schützen sie die Pflanzen vor zu starker UV-Strahlung. Ihr Farbspektrum reicht von gelb über orange bis rot. Beispiele: Carotin (u. a. Karotten, Kürbis, Aprikosen, Nektarinen, Pfirsiche, Salate), Lycopin (Tomaten, Wassermelonen).

Cellulose Biopolymer aus Tausenden Glucose-Bausteinen, die zu langen Ketten verknüpft sind (Polysaccharid). Es ist der Hauptbestandteil pflanzlicher Zellwände und mit einer „Jahresproduktion“ von über 100 Mrd. Tonnen das häufigste Biopolymer der Erde. Für die Menschen ist Cellulose ein bedeutender Rohstoff für die Papierherstellung.

Chemolumineszenz Kaltes Licht. Leuchterscheinung, die durch eine chemische Reaktion erzeugt wird. Beispiele: Knicklichter, Glühwürmchen, Meeresleuchttierchen.

Chitin Biopolymer aus Tausenden Acetylglucosamin-Bausteinen, das für sich alleine weich und biegsam ist und der Cellulose ähnelt. Erst durch Quervernetzung Hunderter Strukturproteine (Arthropodine) bildet sich Sklerotin, das zusammen mit Chitin zum festen und stabilen Exoskelett (Cuticula) der Insekten wird. Bei Krebstieren wird zusätzlich noch Calciumcarbonat (Kalk) eingelagert, um – ähnlich wie beim Stahlbeton – die Härte und Stabilität zu erhöhen. Chitin ist bereits seit rund 500 Mio. Jahren ein Naturprodukt und mit einer „Jahresproduktion" von über 10 Mrd. t das zweithäufigste Biopolymer der Erde. Vor allem das tierische Plankton der Weltmeere (Krill) trägt maßgeblich dazu bei. Biopolymer-Produzent-Weltmeister sind die Pflanzen (Cellulose).

Chlorophyll Grüner Blattfarbstoff, das aber nicht nur in Pflanzenzellen enthalten ist, sondern auch in photosynthetisch aktiven Organismen wie Cyanobakterien (Blaualgen), Grünalgen, Rot- und Braunalgen. Chlorophyll-Pigmente sind in der Thylakoid-Membran im Inneren der Chloroplasten verankert und die Hauptakteure der Photosynthese. Bisher sind sechs verschiedene Chlorophyllmoleküle bekannt, wobei Chlorophyll *a* und *b* die häufigsten und wichtigsten Vertreter darstellen.

Chloroplast Kleines Zellkompartiment, Organelle in Pflanzen und Algen, in der die Photosynthese abläuft. Im Inneren stapeln sich die Thylakoid-Membranen mit den eingebetteten Chlorophyll- und Carotinoidmolekülen, die Licht sammeln und die Energie in das Photosystem weiterleiten. Die Dunkelreaktion, der sogenannte Calvin-Zyklus, bei dem Kohlendioxid in Glucose umgewandelt wird, findet dagegen außerhalb der Thylakoidstapel in der „freien" Flüssigkeit (Stroma) in den Chloroplasten statt.

CO_2-Äquivalent Bewertung und Gewichtung des Treibhauspotenzials eines Gases, das nicht Kohlendioxid ist. Beispiele: Eine Tonne Ausstoß von Methan (CH_4) entspricht oder wäre gleichwertig mit der Emission von 24 t Kohlendioxid (CO_2).

Eine Tonne Ausstoß von Lachgas/Distickstoffoxid (N_2O) entspricht oder wäre gleichwertig mit der Emission von 300 t Kohlendioxid (CO_2).

Cumarin Ein natürlicher, aromatischer Pflanzenstoff mit charakteristischem Geruch nach Waldmeister. Chemisch betrachtet gehört Cumarin zu den Benzopyronen. Cumarin-Abkömmlinge finden vor allem als Duftstoffe in der Parfümerie Verwendung oder als blutgerinnungshemmende Medikamente (Marcumar®, Falithrom®) zur Thrombose-Prophylaxe.

Cuticula Außenskelett bei Insekten und anderen Gliederfüßern bestehend aus Chitin und vernetzten Strukturproteinen zu einer stabilen und harten „Außenhaut". Bei Pflanzen ist die Cuticula eine wachsartige Schicht auf der Blattoberfläche.

Cyanobakterien Blaualgen, die mithilfe von Chlorophyll und blauvioletten Farbstoffen Photosynthese betreiben.

Deformationsschwingung Molekülschwingung, bei der sich die Lage der Atome bei mindestens einem Bindungswinkel verändert. Voraussetzung: mindestens drei Atome pro Molekül, wie beispielsweise Wasser (H_2O), Kohlendioxid (CO_2), Lachgas (N_2O). Nicht aber bei Sauerstoff (O_2) oder Stickstoff (N_2). Die Deformationsschwingung wird durch Infrarotstrahlung angeregt und spielt beim Treibhauseffekt eine zentrale Rolle.

Diethylether *Der* Ether, früher auch als Äther bezeichnet, ist die bekannteste etherische Verbindung in der Welt der Moleküle. Ether ist eine leicht flüchtige und hochentzündliche Flüssigkeit mit betäubender Wirkung. Im 18. und 19. Jahrhundert wurde Ether als Narkosemittel eingesetzt und revolutionierte die medizinische Chirurgie.

Dinoflagellaten Gehören zum tierischen Plankton (Zooplankton) und sind eukaryotische Einzeller, mit einer durchschnittlichen Größe von 10–100 µm. Einige Arten betreiben Biolumineszenz, die durch mechanische Stimulation ausgelöst wird, etwa durch Wellenbewegungen, Wind oder andere Lebewesen. Die dadurch „eingedrückte" Zellmembran führt zur chemischen, enzymatischen Reaktion, bei der blaues Licht mit einer Wellenlänge von etwa 475 nm abgestrahlt wird.

Dispersion, dispersiv Beschreibt den Effekt, dass unterschiedliche Wellenlängen von Licht oder Schall in verschiedenen Medien unterschiedlich stark gebrochen werden. Grund dafür ist die unterschiedliche Ausbreitungsgeschwindigkeit der verschiedenen Lichtwellenlängen in einem Medium. Die Aufspaltung des weißen Lichts in seine Farben in einem Prisma oder in Regentropfen in die Regenbogenfarben ist solch ein Dispersionseffekt. Beim Übergang vom Medium Luft in das Medium Glas oder Wasser tritt der Dispersionseffekt ein.

Dunkelreaktion Lichtunabhängige chemische Reaktion bei der Photosynthese. Die durch die Lichtreaktion gebildeten Energiemoleküle ATP und Elektronentransport-Substanzen NADPH bewirken den Aufbau von Glucose aus Kohlendioxid.

Edelmetall Unreaktive Metalle, die ungebunden in der Natur vorkommen und nicht mit Luftsauerstoff oder anderen Substanzen reagieren. Beispiele: Gold, Silber, Platin, Palladium.

Elektron Eines der drei wichtigsten Elementarteilchen. Es trägt eine negative Ladung, die als −1 definiert ist. Die tatsächliche Ladung beträgt $-1{,}6 \cdot 10^{-19}$ C. Seine absolute Masse ist abartig klein, nämlich $9{,}1 \cdot 10^{-28}$ g. Die relative Masse auf das Kohlenstoffatom bezogen wird mit 0,0005 u angegeben. Zum Gewicht eines Atoms tragen Elektronen praktisch nichts bei. Sie sind aber für alle chemischen Reaktionen verantwortlich, egal, ob man ein Streichholz anzündet oder Pflanzen Photosynthese betreiben. Die Elektronen machen *alles* (bis auf Kernreaktionen). Symbol: e^-.

Emission Aus dem Lateinischen: *emittere* = aussenden. Die Aussendung kann stehen für Autoabgase, Feinstaub, Treibhausgase, Strahlungen jeglicher Art, aber auch Geld und Wertpapiere.

Enzym Enzyme sind molekulare Maschinen, die in allen Lebewesen praktisch alle biochemischen Reaktionen des Stoffwechsels bewerkstelligen, meistens in Form einer Katalyse. Daher werden sie auch als „Biokatalysatoren“ bezeichnet. Sie senken mit ihrer Anwesenheit die Aktivierungsenergie einer biochemischen Reaktion, die dadurch extrem viel schneller abläuft. Beispiel:

Die Zerlegung des schädlichen Wasserstoffperoxids H_2O_2 in harmloses Wasser (H_2O) und Sauerstoff (O_2) verläuft ohne Katalysator mit einer relativen Reaktionsgeschwindigkeit von 1. Mit Platin, das auch beim Abgaskatalysator eingesetzt wird, erhöht sich die Reaktionsgeschwindigkeit bereits auf 800. Mit dem Enzym „Katalase" rast die Zerlegung mit einem Affenzahn von $3 \cdot 10^{11}$ davon. Enzyme sind unfassbar schnelle Maschinen. Die „Acetylcholinesterase", ein wichtiges Enzym im Nervensystem, das den Neurotransmitter (Nerven-Botenstoff) Acetylcholin abbaut und in Cholin und Essigsäure zerlegt (ansonsten drohen Krämpfe, Lähmungen und Tod): Ein Molekül Enzym rafft *pro Sekunde* rund 14.000 Acetylcholin-Moleküle dahin! Unglaublich! Die „Carboanhydrase" ist noch krasser: Sie kommt vor allem in den roten Blutkörperchen vor und sorgt dafür, dass gasförmiges Kohlendioxid (CO_2) in wasserlösliches Hydrogencarbonat (HCO_3^-) umgesetzt wird. Ganz wichtige Sache, denn sonst ersticken wir. Ein Molekül Enzym wandelt *pro Sekunde* sage und schreibe 10 Mio. Moleküle Kohlendioxid in Kohlensäure um. Weltrekord! Die „Katalase" ist ebenfalls solch ein „Usain Bolt" der Enzyme. Sie merken übrigens schon: Alle Enzyme enden auf „-ase". Und: Enzyme sind immer Proteine, aber nicht jedes Protein ist ein Enzym.

Erythrozyten Rote Blutkörperchen. Sie sind für den Sauerstofftransport mithilfe des roten Blutfarbstoffs Hämoglobin verantwortlich und überführen gasförmiges Kohlendioxid in lösliche Kohlensäure. Anzahl im gesamten Körper: etwa 30 Billionen. Anzahl in einem Tropfen Blut: ca. 250 Mio. Lebensdauer: 4 Monate. Erneuerungsrate: 2,4 Mio. pro Sekunde. Bildungsort: rotes Knochenmark.

Exocarp Die äußere Schicht (Schale) einer Frucht von Samenpflanzen.

Fasciculin Nervengift der grünen Mamba, das die Acetylcholin-Esterase blockiert.

Feuerstein In der Schreibkreide, dem Kalkablagerung- bzw. Sedimentgestein der Urzeit, bildeten sich durch Lösung und Wiederausfällung von Siliciumdioxid (SiO_2) der harte, schwarze Feuerstein. Diesen Vorgang bezeichnet man auch als Konkretion.

Filament Ein dünner Faden, eine Faser.

Flechte Lebensgemeinschaft zwischen einem Pilz (Mykobiont) und einer lichtverwertenden Spezies (Photobiont), wie beispielsweise eine Grünalge oder Cyanobakterien. Sie wachsen auf verschiedensten Untergründen, auf Stein, auf Baumrinden, Ästen, Totholz und sogar auf Gartentoren und Zäunen. Flechten sind keine Parasiten und kommen mit 25.000 Arten auf der ganzen Welt vor.

Flechtenstation Bezeichnung für ein Gebiet, in dem eine bestimmte Anzahl von Bäumen auf Flechtenbewuchs untersucht, die Flechtenarten bestimmt und ausgezählt werden, um somit eine Aussage über die Luftgüte machen zu können.

Fluoreszenz Lichtabstrahlung bei Lichteinstrahlung. Licht einer bestimmten Wellenlänge wird absorbiert, die Farbstoffmoleküle werden angeregt und kurzfristig für Picosekunden in ein höheres Energieniveau gehoben. Beim „Herunterfallen" in den Grundzustand wird etwas Energie als Licht abgestrahlt. Beispiel: Textmarker, optische Aufheller. Aber ohne Licht gibt es keine Fluoreszenz: Licht aus – Fluoreszenz aus!

Folsäure Vitamin B_9.

Frequenz Häufigkeit, Schwingungszahl. Die Frequenz gibt an, wie oft eine Schwingung pro Sekunde erfolgt. Einheit: 1 Hz (Hz) = 1 Schwingung pro Sekunde = $1 \cdot s^{-1}$.

Fucoxanthin Farbstoff aus der Reihe der Xanthophylle, der oxidierten Moleküle der Carotinoide.

Gewichtskraft Schwerkraft. Sie verursacht das Gewicht auf der Erde und hängt ab von den Massen der beiden sich anziehenden Körpern und dem Abstand ihrer Zentren. Nach dem Gravitationsgesetz gilt für die Schwer- bzw. Gewichtskraft $F = m \cdot g$, wobei g die Erdbeschleunigung bzw. der Ortsfaktor ist. Die Gewichtskraft wirkt immer in Richtung Zentrum der Erde und sorgt dafür, dass kein Mensch von der Erde „herunterfällt", und dass der Regen stets nach unten rieselt.

Glucose Wichtigster Einfachzucker (Monosaccharid) mit der Summenformel $C_6H_{12}O_6$, enthält also sechs Kohlenstoffatome und gehört damit zu den Hexosen. Die Endung „-ose" bedeutet stets, dass es sich um ein Zuckermolekül handelt. Weitere Namen für Glucose sind Dextrose und Traubenzucker.

Grünalgen Gehören zu den Chlorophytae mit über 7000 Arten weltweit und sind zu 90 % im Süßwasser vertreten. Ihre Bandbreite reicht von winzigen Einzellern bis zu handgroßen Vielzellern. Mit Chlorophyll und weiteren Lichtsammelfarbstoffen betreiben Grünalgen Photosynthese.

Grundzustand Energieärmster Zustand, auf dem sich die Elektronen eines Atoms befinden. Solange man keine Energie auf Atome oder Moleküle schickt, bleiben alle Elektronen „ruhig“ und schwirren sozusagen im „Erdgeschoss“ um den Atomkern herum.

Haftreibung Kraft, die aufgewendet werden muss, um einen Körper gegen seine Unterlage in Bewegung zu setzen.

Hormon Botenstoffe, die an einer Stelle im Körper produziert werden, aber an einem anderen Ort im Körper ihre Wirkung entfalten und in der Zell-Zell-Kommunikation eine tragende Rolle spielen. Die wichtigsten Produktionsstätten sind Schilddrüse, Bauchspeicheldrüse, Nebenniere, Hypothalamus (im Gehirn), Hypophyse (im Gehirn) sowie die Eierstöcke und Hoden. Hormone regeln viele Abläufe, wie beispielsweise den Fett- und Zuckerstoffwechsel (Insulin), das Knochenwachstum, den Muskelaufbau, die Sexualentwicklung und den Menstruationszyklus der Frau.

Hühnergott Feuerstein mit Loch.

Huygens'sches Prinzip Diese Grundregel erklärt die Ausbreitung von Lichtwellen. Jeder Punkt, der von einer Lichtwellenfront getroffen wird, wird selbst zum Ausgangspunkt einer kleinen, kugelförmigen Elementarwelle. Große Bedeutung hat das Huygens'sches Prinzips bei der Lichtbrechung an der Grenze zweier Medien.

Hydrophil Wasserliebend, wasseranziehend, fettabweisend.

Hydrophob Fettliebend, fettanziehend, wasserabweisend.

Hypholomin Eine bestimmte Pilzsubstanz, die fluoreszieren kann.

Immunsystem Abwehrmechanismus eines Lebewesens gegenüber fremden Eindringlingen, Erregern oder Krankheitskeimen wie Bakterien oder Viren. Das hochentwickelte Immunsystem der Säuger besteht aus spezialisierten Immunzellen und maßgeschneiderten Antikörpern.

Indikator Säure-Base-Indikatoren sind organische Farbstoffe und zeigen über einen Farbwert die Konzentration von Wasserstoffionen (H^+) an. Beim Wechsel vom sauren über den neutralen bis zum alkalischen Milieu (und umgekehrt) ändern sich die Struktur der Farbstoffe und damit die Lichtabsorptionseigenschaften. Anthocyane sind bekannte Indikatoren aus der Natur (Blaukraut, Rotkohl), Phenolphthalein kennt der eine oder andere aus dem Chemieunterricht. Ist der pH-Wert einer Lösung 7, ist sie neutral. Im sauren Milieu liegt der pH-Wert zwischen 1 und 7, im alkalischen Milieu beträgt der pH-Wert 7 bis 14. Je kleiner der pH-Wert, desto mehr H^+-Ionen sind in der Lösung. Ein Universalindikator enthält gleich mehrere Farbstoffe, sodass der gesamte pH-Bereich mit einer entsprechenden Farbe abgebildet werden kann.

Infrarotlicht/Infrarotstrahlung Abkürzung: IR. Elektromagnetische Strahlung jenseits des sichtbaren roten Lichts, die sich in nahes, mittleres und fernes IR unterteilt, mit Wellenlängen von 780 nm bis 1000 µm. Infrarotlicht eröffnet zahlreiche Anwendungen: u. a. Wärmelampen, Identifikation von Molekülen, Weltallerkundungen, Gemäldeuntersuchungen, Fernbedienungen, Wärmebildkameras.

Infrarotlichtaktiv Moleküle, die mit Infrarotstrahlen wechselwirken können, bezeichnet man als IR-aktiv. Solche Substanzen können IR-Strahlung absorbieren und durch diese Energieaufnahme zu Schwingungen angeregt werden. Man unterscheidet dabei Streck- und Deformationsschwingungen. Voraussetzung der IR-Aktivität ist das Vorhandensein eines Dipolmoments, d. h., das Molekül muss aus „negativierten" und „positivierten" Atomen bestehen. Wasser (H_2O) und Kohlendioxid (CO_2) sind solche Dipol-Moleküle. Allerdings sind zum Symmetriezentrum ausgerichtete Schwingungen IR-inaktiv, Dipol hin oder Dipol her. Es muss sich bei der Schwingung verändern, sonst kommt es nicht zur Aufnahme der IR-Strahlung. Bei der Erderwärmung spielt die Absorption von IR-Strahlung durch CO_2 eine entscheidende Rolle.

Interferenzmuster Überlagerung von Licht-, Schall- oder Wasserwellen. Treffen mehrere Wellen aufeinander, können sie sich gegenseitig durchdringen und ein Wellenmuster erzeugen. Wirft man zwei Steine in einen See, dann überlagern sich die konzentrischen Ringe. Trifft Wellenberg auf Wellenberg genau synchron, so wird dieser verstärkt. Trifft Wellenberg auf Wellental genau synchron, dann werden beide ausgelöscht. Dazwischen gibt es alle möglichen Muster.

IPCC Intergovernmental Panel on Climate Change (Zwischenstaatlicher Ausschuss für Klimaänderungen, kurz: Weltklimarat). 1988 gegründet. Der Ausschuss soll den weltweiten Forschungsstand und die naturwissenschaftlichen Erkenntnisse zusammentragen, bewerten und die daraus folgenden Risiken und Auswirkungen der globalen Erwärmung bewerten.

Isothiocyanat Isothiocyanate sind schwefelhaltige Substanzen mit der chemischen Formel R-N=C=S. Auch Senföle gehören zu den Isothiocyanaten, beispielsweise das Allylsenföl CH_2=CH-CH_2-N=C=S. Sie riechen und schmecken stechend und scharf und geben u. a. Senf, Radieschen, Rettich und Kresse ihre charakteristische Schärfe.

Isotrop Unabhängig von der Blickrichtung. Nach allen Richtungen weist eine isotrope Substanz die gleichen chemischen und physikalischen Eigenschaften auf.

Jochalgen Zieralgen. Sie sind die schönsten Grünalgen mit filigranem und oft symmetrischem Aufbau, sind Einzeller und kommen nur im Süßwasser vor.

Karnivore Fleichfressende Pflanze.

Kieselalgen Diatomeen. Charakteristisch sind ihre Silikatschalen und -skelette aus Siliciumdioxid (SiO_2) mit wunderschöner Architektur. Die Entstehung der Kreidefelsen und der Feuersteine beruht u. a. auf diesen Lebewesen.

Kipppunkt Kritischer Grenzwert, an dem eine kleine zusätzliche Störung zu einer garantierten Veränderung auf der Erde führen kann. Beispiele: Die Eisschilde auf Grönland und in der Westantarktis, die Atlantikzirkulation, der Amazonaswald oder die Korallenriffe.

Klimaneutralität Keine Beeinflussung des Klimas der Erde durch die Menschheit. Die Treibhausgase, die man ausstößt, müssen irgendwo anders wieder aus der Luft entnommen werden. Herrscht also ein Gleichgewicht zwischen Emission und Absorption von Kohlendioxid, spricht man von Klimaneutralität. Wenn die Energieerzeugung allein durch Wind- und Sonnenkraft (und grünem Wasserstoff) erreicht würde, dann gäbe es überhaupt keinen CO_2-Ausstoß mehr und die Klimaneutralität wäre perfekt.

Kohärenz, kohärent Phasengleichheit bei elektromagnetischen Wellen. Einfach ausgedrückt: Wenn Lichtwellen genau synchron aus einer Lichtquelle, beispielsweise aus einem Laserpointer, herauskommen, können sie sich perfekt überlagern und zu dem charakteristischen Laserstrahl werden.

Kohäsion Anziehung bzw. Wechselwirkung zwischen Teilchen *eines* Stoffes. Beispiele: Wasser/Wassertropfen – die Wassermoleküle im Wasser ziehen sich gegenseitig an und bilden Wasserstoffbrückenbindungen aus; zweiter Farbanstrich auf die gleiche Farbe; Das Ziehen an einem Seil.

Kohlendioxid Langgestrecktes, symmetrisches Molekül aus drei Atomen mit Infrarotaktivität. *Das* klimaschädliche Treibhausgas schlechthin. Jährlich werden auf der Erde über 36 Mrd. t Kohlendioxid emittiert. Formel: CO_2.

Kohlenhydrat Zuckerstoffe bestehend aus Kohlen-, Wasser- und Sauerstoffatomen. Formel: $C_n(H_2O)_n$. Bekannte Kohlenhydrate sind: Glucose (Traubenzucker), Fructose (Fruchtzucker), Saccharose (Zucker), Stärke, Cellulose, Chitin, Vitamin C.

Kontaktwinkel Auch Benetzungswinkel genannt. Der Winkel, den die Oberfläche eines Tropfens mit der festen Oberfläche bildet, auf dem der Tropfen aufliegt.

Konvektion Strömungstransport.

Kristallgitter Die regelmäßige Anordnung der Atome in einem Festkörper (Metalle, Eis, Salze).

Kürette An einem Stab montierter kleiner, scharfer Metallring, mit dessen Hilfe man Ab- oder Ausschabungen vornehmen kann. Hautküretten dienen beispielsweise zur Abtragung von Warzen.

Lachgas Distickstoffoxid, infrarotlichtaktives Gas, langgestrecktes Molekül aus drei Atomen, das auch als „Sahnegas" in Sprühflaschen eingesetzt wird, um Schlagsahne aufzuschäumen. Kommt aus natürlichen Quellen in der Atmosphäre vor, aber auch durch Einsatz von künstlichem Dünger. In der Medizin dient es als Narkosemittel. Lachgas hat ein 300-mal so hohes Treibhauspotenzial wie CO_2. Jährlich werden auf der Erde etwa 3 Mrd. Tonnen CO_2-Äquivalente emittiert. Formel: N_2O.

Ladungsverteilung Räumliche Verteilung von elektrischen (positiven und negativen) Ladungen in Molekülen.

Lauge Auch Base genannt. Das Gegenstück zur Säure. Wasserstoffionen-Fänger. Säuren geben H^+-Ionen ab und Laugen nehmen sie auf. Laugen weisen einen pH-Wert zwischen 7 und 14 auf.

Leukozyten Weiße Blutkörperchen. Immunabwehrzellen des Körpers. Anzahl im gesamten Körper: etwa 30–60 Mio.; Anzahl in einem Tropfen Blut: ca. 200.000–500.000. Lebensdauer: Tage bis Wochen.

Lichenologie Flechtenkunde.

Lichtreaktion Die Lichtreaktion läuft bei Pflanzen in den Photosystemen I und II ab. Dort wird die absorbierte Lichtenergie in chemische Energie umgewandelt. Zuerst werden Elektronen durch eine Ladungstrennung freigesetzt, indem Wasser in Sauerstoffgas und Wasserstoffionen zerlegt wird. Letztendlich führen die Elektronen zur Bildung von ATP und NADPH, die im weiteren Verlauf in die Dunkelreaktion eintreten.

Lichtsammelkomplex LSK. Ansammlung von Membranproteinen in den photosynthetischen Membranen von Organismen, die Photosynthese betreiben. Bei Pflanzen sitzt der LSK in der Thylakoid-Membran der Chloroplasten. Typische LSK enthalten rund 200 Moleküle Chlorophyll und etwa 50 Carotinoide als weitere Lichtsammel-Farbstoffe (akzessorische Antennenpigmente). Der LSK absorbiert Sonnenlicht und leitet diese Energie über die zahlreichen Pigmente mit unglaublicher Geschwindigkeit weiter bis zum

Reaktionszentrum, wo die Lichtreaktion der Photosynthese stattfindet. Engl.: *light harvesting complex*, LHC.

Ligase Enzym, das Moleküle miteinander verknüpft. Beispiele: DNA-Ligase – verknüpft zwei DNA-Stränge miteinander. Aminoacyl-tRNA-Synthetase – verknüpft eine Aminosäure an ihre tRNA (wichtig für die Proteinbiosynthese).

Lignin Lignin ist ein über Sauerstoffatome verbrücktes, großes Biopolymer aus Phenol-Einheiten.

Lotuseffekt Unbenetzbarkeit einer Oberfläche, auf der sich Wassertropfen kugelförmig abperlen. Dabei werden auch sämtliche Schmutzpartikel von der Oberfläche mitgenommen und fortgespült. Paradebeispiel ist die Lotusblume mit ihren selbstreinigenden Blättern. Aber auch Kohlrabiblätter verfügen über den Lotuseffekt.

Luftgüte Luftqualität. Reinheit der Atemluft. Durch regelmäßiges Messen wird die Luftqualität ständig überprüft.

Meeresleuchttierchen Winzige Einzeller namens Dinoflagellaten *(Noctiluca),* die Bioluimeszenz, sprich: „kaltes Licht“ betreiben und im Dunklen blau leuchten können (Meeresleuchten).

Membran Biologische „Wand“.

Membranprotein Eiweißstoffe (Proteine), die in einer Zellmembran eingebettet sind und meistens „oben“ herausschauen und unten in die Zelle hineinragen.

Methan Brennbares Gas. Hauptbestandteil von Erdgas. Biogas. Kommt aus natürlichen Quellen in der Atmosphäre vor, aber hauptsächlich durch massive Viehzucht, Reisanbau sowie Erdgas- und Erdölförderung. Methan hat ein 28-mal so hohes Treibhauspotenzial wie CO_2. Jährlich werden auf der Erde etwa 8 Mrd. Tonnen CO_2-Äquivalente emittiert. Formel: CH_4.

Micelle Mikroskopisch kleine Kugel aus Molekülen, die sowohl eine wasserliebende als auch eine fettliebende Gruppe aufweisen, aufgebaut ähnlich wie ein Streichholz. Die „Köpfchen“ lagern sich an „Köpfchen“ und die „Holzstäbchen“ an die „Holzstäbchen“. Die daraus resultierende stabilste Form ist eine Kugel, wobei die „Köpfchen“ nach außen zeigen und die „Stäbchen“ nach innen.

Mikrometer 10^{-6} m = 1 tausendstel mm bzw. 1 tausendstel Meter. Zeichen: µm.

Mikroorganismen Mikroskopisch kleine Lebewesen (u. a. Bakterien, Plankton, Algen, Pilze).

Mikroplastik Partikelchen aus Kunststoff mit einer Größe von 1 µm bis 5 mm (= 1 µm bis 5000 µm).

Milbe Winzige Spinnentiere (Gliederfüßer).

Mineral In der Natur vorkommende Feststoffe mit einer bestimmten chemischen Zusammensetzung und Struktur.

Molekül Substanz, die aus mindestens zwei oder mehr Atomen besteht. Das Wasserstoffmolekül besteht aus zwei Atomen. Proteine sind Moleküle mit Tausenden von Atomen.

Mundschleimhaut Die schleimige Schicht in der Mundhöhle, insbesondere an den Innenflächen der Wangen.

Mykobiont Pilz einer Flechte, der mit Grünalgen oder Cyanobakterien eine Symbiose eingeht.

NADP/NADPH Nicotinsäureamid-Adenin-Dinucleotid-Phosphat. *Die* universelle Substanz der belebten Natur für den Transport von Elektronen. Das an der „Spitze" des Moleküls hängende Nicotinsäureamid kann zwei Elektronen (und ein H^+-Ion) auf- und wieder abgeben. NADPH beherbergt zwei Elektronen, die es nach Durchlauf der Photosynthese quasi als Schlussläufer einer Staffel erhält und zum Calvin-Zyklus bringt. Dort werden die Elektronen für den Umbau von CO_2 zu Glucose benötigt.

Nanometer 10^{-9} m = 1 millionstel Millimeter bzw. 1 milliardstel Meter. Zeichen: nm.

Nanoplastik Partikelchen mit einer Größe von 15–1000 nm = 0,015–1 µm.

Nesselfaden Dicht mit Nesselzellen besetzter Tentakel. Bei Berührung schießen giftige Pfeile mit Widerhaken mit einer unfassbaren Geschwindigkeit von mindestens 10 m/s in die Beute und lähmt diese.

Nesseltier Vielzellige, einfach gebaute Tiere mit Zellkern in ihren Zellen (Eukaryonten), die mit Nesselfäden zum Beutefang ausgestattet sind. Zu den Nesseltieren gehören u. a. Quallen und Anemonen.

Noctilucae Meeresleuchttierchen. Winzige Einzeller (Dinoflagellaten), die Biolumineszenz, sprich: „kaltes Licht" betreiben und im Dunklen blau leuchten können (Meeresleuchten).

Normalkraft Diese Kraft tritt zwischen zwei Körpern auf deren Kontaktfläche auf und wird u. a. von der Reibungskraft bestimmt. Liegt ein Körper waagerecht auf dem Boden (Auflagefläche), dann entspricht die Normalkraft der Schwerkraft des Körpers. Bei einer schrägen Auflagefläche wirkt die Normalkraft senkrecht zur Auflagefläche.

Nukleinsäure Kernsäuren, meint also Zellkernsäuren, wie die universelle Erbsubstanz DNA. Nukleinsäuren bestehen aus den Nukleotiden, die ihrerseits jeweils aus einem Molekül Zucker (Desoxyribose), einem Phosphatrest (PO_4^-) und einer organischen Stickstoff-Base (Adenin, Thymin, Cytosin und Guanin) aufgebaut sind. Der Name „Säure" leitet sich von der Phosphorsäure (H_3PO_4) her, deren Säurerest Bestandteil der Nukleotide ist.

Ooporphyrin Wichtiges Vorprodukt für die natürliche Herstellung von Chlorophyll oder Hämoglobin. Auch als Protoporphyrin IX bezeichnet.

Oxidation Übertragung von Sauerstoff auf ein Molekül. Im engeren Sinn: Elektronenabgabe. Bei der Oxidation von Eisen zu Rost nimmt das Eisen Sauerstoff auf. Dabei wird elementares Eisen zu Eisenionen (Fe^{3+}) oxidiert, es gibt also drei seiner Elektronen ab, die zum Sauerstoff (O_2) wandern und ihn negativ machen zu O^{2-}. Rost besteht demnach aus Fe_2O_3 mit der typischen rostroten Farbe. Auch die Verbrennung von Wasserstoff mit Sauerstoff zu Wasser (Brennstoffzelle) ist eine Oxidation und Elektronenabgabe. Zwei Wasserstoffatome geben jeweils ihr einziges Elektron an Sauerstoff ab und werden oxidiert. Das Sauerstoffgas (O_2) wandelt sich durch Aufnahme der beiden Elektronen zu O^{2-} und bildet zusammen mit den beiden H^+-Ionen (Protonen) Wasser. Merke: Oh tuuh känn duuh!

Ozon Besonders reaktive Form von Sauerstoff in Form eines dreiatomigen Moleküls. Es bildet sich in der Stratosphäre in etwa 50 km Höhe und schirmt die Erde von schädlichen UV-B- und UV-C-Strahlen ab. Aufgrund seiner sehr starken Oxidationswirkung wird es als Mittel gegen Keime in Wasser (Schwimmbäder), gegen Abgase und Gerüche sowie als Bleichmittel eingesetzt. Formel: O_3.

Papille Kleine, rundliche bis kegelförmige Erhebung an Oberflächen.

Parasit Lebewesen, das auf Kosten eines anderen Lebewesens (Wirt) sein Dasein fristet und den Wirt schädigt. Beispiele: Mistel auf Bäumen, Milben/Flöhe/Läuse/Zecken auf der Haut, Würmer im Darm, Malariaerreger im Blut.

Parietin Gelblicher Farbstoff, der im UV-Licht rotorange fluoresziert. Gehört zur chemischen Gruppe der Anthrachinone und ist das farbgebende Pigment der Gewöhnlichen Gelbflechte.

PET Polyethylenterephthalat. Kunststoff zur Herstellung von Kunststoffflaschen, Textilfasern (Polyester) u. v. m. Grundbaustein ist Terephthalsäure, einer Dicarbonsäure, die mit Ethylenglykol (Ethandiol) zu einem langen Polymer verestert wird. Weltweite Jahresproduktion: 70 Mio. Tonnen. Teilweise recycelbar. Seit 2021 gibt es auch enzymatisch recycelte PET-Flaschen.

pH Gibt an, wie groß die Wasserstoffionen-Konzentration in einer wässrigen Lösung ist. Da die Konzentrationen sehr klein sind und im Bereich von 10^{-1} bis 10^{-14} mol/L liegen, wurde der pH-Wert als negativer dekadischer Logarithmus definiert. Das erspart viel Rechnerei und die pH-Werte liegen als positive Zahlen von 1 bis 14 vor. pH = 7 bedeutet neutral, d. h., es liegen genauso viele H^+-Ionen wie OH^--Ionen vor. Bei einem pH-Wert von 1–6 sind viel mehr H^+-Ionen als OH^--Ionen vorhanden, die Flüssigkeit ist eine Säure. Bei einer Lauge (Base) zeigt der pH-Wert mit Werten zwischen 8 und 14 dagegen sehr wenige H^+-Ionen und sehr viele OH^--Ionen an.

Phenol Hydroxybenzol, aufgebaut aus einem Kohlenstoff-Sechsring („Wabe“) mit einer OH-Gruppe an einem der Kohlenstoffatome. Wichtiger Grundstoff für die Herstellung von Phenoplasten und Epoxidharzen.

Photobiont Photosynthesefähiger Partner in einer Flechte – eine Grünalge oder ein Cyanobakterium.

Photochemisch Chemische Reaktionen, die durch Einwirkung von Licht abläuft.

Photorezeptor Lichtaufnehmer, der Licht in bioelektrische Erregung umwandeln kann.

Photosynthese Mithilfe des Sonnenlichts werden in grünen Pflanzen aus Wasser und Kohlendioxid große Mengen Kohlenhydrate gebildet. Die Photosynthese läuft in zwei Teilschritten ab: Die Energieumwandlung als Lichtreaktion in den Photosystemen sowie die Stoffumwandlung als Dunkelreaktion von Kohlendioxid zu Glucose.

Photosynthese-Apparat Das Zusammenspiel der beiden Photosysteme I und II bei der Photosynthese.

Photosynthese-Farbstoff Lichtsammelnde Pigmente, die das Licht weiterleiten und auf andere Moleküle übertragen können. Beispiele: Chlorophylle, Carotinoide, Xanthophylle. Es sind rund 300 verschiedene lichtsammelnde „Antennenpigmente" bekannt.

Photosyntheseprotein Eiweißstoffe, die an der Photosynthese beteiligt sind.

Photosystem In den beiden Photosystemen I und II läuft die Lichtreaktion ab. Die Photosysteme bilden das zentrale „Herzstück" der pflanzlichen Photosynthese und setzen sich aus zahlreichen Lichtsammelkomplexen zusammen, die sich um ein Reaktionszentrum gruppieren.

Phycobilline Lichtsammelnde akzessorische Farbstoffe der Photosynthese, die u. a. in Rotalgen und Cyanobakterien (Blaualgen) vorkommen.

Phycoerythrin Lichtsammelnder akzessorischer roter Farbstoff der Photosynthese, der u. a. in Rotalgen und Cyanobakterien (Blaualgen) vorkommt. Gehört zur Klasse der Phycobilline.

Phytoplankton Pflanzliches Plankton, einzellige Mikroorganismen.

Pigment Unlöslicher Farbstoff, auch als Farbmittel bezeichnet. Beispiele: a) Wasserfarben sind wasserunlösliche, farbige Pigmente, die mit Wasser und Pinsel aufgeschwemmt und auf Papier übertragen werden. Ist das Wasser verdunstet, bleiben die Farbstoffe auf dem Blatt Papier übrig. b) Die bei der Photosynthese eingesetzten Pigmente liegen nicht gelöst, sondern als in Membranen und Proteinen eingebettete Feststoffe vor.

Pilzsporen „Samenkörnchen" zur ungeschlechtlichen Vermehrung und Ausbreitung von Pilzen, Algen, Moosen und Farnen. Sporen sind keine Geschlechtszellen. Sie sind sehr robust und widerstandsfähig und können sehr lange überleben.

Polymerase Enzyme, die den Bau von Nukleinsäuren, der Erbsubstanz in Form von DNA und RNA, katalysieren. Bei einer Zellteilung muss auch das Erbmaterial verdoppelt werden. Dies bewerkstelligen die Polymerasen. Aber auch alle Viren benötigen diese Enzyme, um ihr Genmaterial zu vervielfältigen. Polymerasen kann man sich vorstellen wie Kopiergeräte.

Porphyrin Große Ringsysteme aus 20 Kohlenstoff- und 4 Stickstoffatomen, die als Grundbausteine von zahlreichen biochemischen Farbstoffen bzw. Pigmenten dienen. Beispiele: Chlorophyll *a* und *b*, Hämoglobin (roter Blutfarbstoff).

ppb Parts per billion = 1 milliardstel Teil. 1 Teilchen unter 1 Mrd. anderer Teilchen. Entspricht 1/10.000.000stel Prozent.

ppm Parts per million = 1 millionstel Teil. 1 Teilchen unter 1 Mio. anderer Teilchen. Entspricht 1/10.000stel Prozent.

Protein Eiweißstoff, der aus Hunderten bis Tausenden Aminosäuren aufgebaut ist.

Proton Eines der drei wichtigsten Elementarteilchen. Es trägt eine positive Ladung, die als +1 definiert ist. Die tatsächliche Ladung beträgt $+1{,}6 \cdot 10^{-19}$ C. Seine absolute Masse ist sehr klein, nämlich $1{,}66 \cdot 10^{-24}$ g. Die relative Masse auf das Kohlenstoffatom bezogen wird mit 1 u angegeben. Zum Gewicht eines Atoms tragen Protonen (und Neutronen) den Löwenanteil bei. Symbol: p^+.

Protoporphyrin IX Wichtiges Vorprodukt für die natürliche Herstellung von Chlorophyll oder Hämoglobin. Auch als Ooporphyrin bezeichnet.

Pteridin Aromatischer Doppelring aus 6 Kohlenstoffatomen, 4 Stickstoffatomen sowie 4 Wasserstoffatomen. Wichtiger Grundbaustein für Folsäure (Vitamin B9) und Riboflavin (Vitamin B2).

PVC Polyvinylchlorid, ein Kunststoff aus Vinylchlorid-Einheiten. Zahlreiche Verwendungen u. a. für Bodenbeläge, Rohre, Kabelummantelungen, Dübel und Schallplatten. Weltjahresproduktion (2021): 37 Mio. Tonnen, Polyethylen: 391 Mio. t, Polypropylen: 44,8 Mio. t.

Quencher/Quenching Als Quencher bezeichnet man Substanzen, die in der Lage sind, Fluoreszenz zu löschen. Dabei wird der Farbstoff, der fluoresziert, nicht zerstört. Sobald der Quencher wieder entfernt wird, steigt die Intensität der Fluoreszenz wieder an. Die Wirkung von Quenchern beruht u. a. auf einer Energieaufnahme oder einer „Verpackung" des Farbstoffs.

Rädertiere Rädertiere sind vielzellige Mikroorganismen (Zooplankton) mit Längen von 40 µm bis 3 mm und werden auch als Schlauchwürmer bezeichnet. Die bekannten 2000 Arten sind fast ausschließlich im Süßwasser zu finden und sehr weit verbreitet, in jedem Gewässer, in jeder Pfütze. Rädertiere bestehen aus einem Kopf-, einem Rumpf- und einem Fußabschnitt. Im Wasser können sie rotierend schwimmen.

Rauchgasfilteranlage Reinigungsanlage, um Schadstoffe aus Rauchgas (Qualm) zu entfernen. Mithilfe von Katalysatoren, Aktivkohle, Gaswäsche, Elektro- und Gewebefiltern werden die schädlichen Feststoffe und Gase abgetrennt.

RCP *Representative concentration pathway* (repräsentativer Konzentrationspfad). Im Fünften Sachstandsbericht des Weltklimarats (IPCC) werden vier Zukunftsszenarien ausgewiesen, die entsprechend dem angenommenen Bereich der Energiebilanz der Erde durch Sonneneinstrahlung, angegeben in Watt pro Quadratmeter, im Jahre 2100 (z. B. 2,6 W/m^2) als RCP2.6, RCP4.5, RCP6.0 und RCP8.5 bezeichnet werden.

Reaktionszentrum Zentraler Ort in einem Enzym oder bei der Photosynthese, an dem sich die entscheidenden biochemischen Reaktionen abspielen.

Reflexion In einem einheitlichen Medium gilt das Reflexionsgesetz: Einfallwinkel = Ausfallswinkel bzw. Reflexionswinkel ($\alpha = \alpha'$).

Reflexionsvermögen Verhältnis zwischen reflektierten und einfallenden Licht- oder Schallwellen. Beispiel: Das gestreute Zurückwerfen von Licht an rauen (nicht spiegelnden) Oberflächen. Das Klima betreffend entspricht das Reflexionsvermögen dem Albedoeffekt.

Reibungskraft Kraft zwischen zwei sich berührenden Körpern (Gegenstand auf Unterlage). Sie wird bestimmt durch die Gewichtskraft und der Reibungszahl. Die Reibungszahl hängt von den reibenden Stoffen und ihrer Oberflächenbeschaffenheit ab und man unterscheidet Haft-, Gleit- und Rollreibung. Die Haftreibung ist stets größer als die Gleit- oder Rollreibung. Reibungskräfte spielen eine große Rolle im Alltag. Beispiele: Nagel oder Schraube in der Wand, Knoten in einem Seil, Gehen, Laufen, Rennen, Autoreifen auf Straße, Fahrradfahren, Bremsen von Fahrzeugen, Schmiermittel in sich bewegenden Lagern und Gelenken.

Reibungswinkel Winkel, unter dem ein körniges Material (Sand) belastet werden kann, ohne abzurutschen. Er entspricht dem Verhältnis zwischen Reibungskraft und Normalkraft auf die Reibungsfläche.

Rezeptor Ein Protein oder eine Gruppe von Proteinen, die in der Zellmembran verankert sind und an denen Signalstoffe andocken können. Nach dem „Schlüssel-Schloss-Prinzip" besitzt jeder Rezeptor eine passende Substanz. Beispiele: a) Viren infizieren ihre spezifischen Wirtszellen mithilfe ihrer Oberflächenproteine, die ich gerne mit Händen vergleiche. Geben sich Rezeptor und Virus die Hände, kann das Virus in die Zelle eindringen. b) Der Neurotransmitter (Nervenbotenstoff) Acetylcholin bindet an den nikotinischen Acetylcholinrezeptor in Muskelzellen an der motorischen Endplatte und öffnet einen Ionenkanal für Natriumionen, ohne die sich Muskeln nicht bewegen können.

Rhizocarpsäure Gelber, fluoreszenzfähiger Farbstoff der Gelbfrüchtigen Schwefelflechte.

Rotalgen Die meisten der rund 7000 Arten sind Meeresbewohner und makroskopische Pflanzen, also solche Algen, die man mit bloßem Auge sehen kann. Sie betreiben Photosynthese mithilfe von Chlorophyll *a*, Carotinoiden sowie den violettroten Farbstoffen Phycoerythrin und Phycocyanin, die insbesondere grünes und gelbes Licht absorbieren. Essbare Rotalgen werden in riesigen Mengen gezüchtet und kommen getrocknet, geröstet oder gewürzt als „Nori" für Sushi-Rollen auf den Markt.

Rückstrahlvermögen Albedo. Reflexion von einstrahlendem Licht auf die raue, in alle Richtungen streuende Oberfläche eines Körpers, Gegenstands oder einer Naturfläche. Je mehr Licht reflektiert wird, desto höher ist der Albedoeffekt des betreffenden Körpers. Ein Albedo-Wert von 0,4 bedeutet: 40 % des einfallenden Sonnenlichts werden reflektiert und zurückgeworfen und 60 % des Lichts werden durch den Körper aufgenommen (absorbiert). Beispiele: weiße Eisflächen oder Wolken haben einen Albedo-Wert von 0,6–0,9, Grünflächen etwa 0,15–0,2, Sand- und Wüstenflächen 0,3–0,6 und Ozeane nur ca. 0,1.

Ruderfußkrebs *Copepoda* (Hüpferling). Größe ca. 0,5–2 mm. Weltweit sind etwa 400 Arten bekannt, Ruderfußkrebse sind hauptsächlich in stehenden Gewässern (Süßwasser) im Uferbereich beheimatet. Mit ihren vorderen Antennen schlagen sie ruckartig nach hinten, um vorwärtszukommen.

Russulumazin Natürlicher Fluoreszenzfarbstoff aus der Gruppe der Pteridine.

Salpetersäure Bekannteste und stabilste Sauerstoffsäure des Stickstoffs. Verwendung: u. a. zur Herstellung von Dünger, Farb- und Explosivstoffen. Ihre Salze heißen Nitrate. Formel: HNO_3.

Säure Chemisch gesehen bestehen Säuren aus einer negativ geladenen Nichtmetall-Gruppe und einem positiv geladenen H-Atom, Proton genannt (H^+). Sie werden als Protonendonatoren bezeichnet, weil Säuren ihre Protonen (H^+-Ionen) gerne abgeben. Basen sind das „Gegenstück" zu Säuren, nehmen die H^+-Ionen auf und bilden daraus mit ihren OH^--Ionen Wasser.

Schreibkreide Entstanden vor etwa 67 Mio. Jahren am Ende der Kreidezeit aus Meeresablagerungen tierischer Kalkschalen.

Schwefeldioxid Farbloses, stechend riechendes, giftiges Gas. Es entsteht vor allem bei der Verbrennung von schwefelhaltigen fossilen Brennstoffen wie Kohle oder Erdölprodukten, die bis zu 4 % Schwefel enthalten. Formel: SO_2.

Schwefelige Säure Die schweflige Säure (nach der Nomenklatur der IUPAC Dihydrogensulfit genannt) ist eine schwache Säure, die beim Lösen von Schwefeldioxid in Wasser entsteht. Ihre Salze heißen Sulfite und Hydrogensulfite. Formel: H_2SO_3.

Schwefelsäure Farblose, ölige und wasseranziehende Flüssigkeit mit starker Ätzwirkung. Eine der weltweit meist genutzten Substanzen. Ihre Salze heißen Sulfate und Hydrogensulfate. Formel: H_2SO_4.

Schwerkraft Gewichtskraft. Sie verursacht die „Schwere" auf der Erde und hängt ab von den Massen der beiden sich anziehenden Körpern und dem Abstand ihrer Zentren. Nach dem Gravitationsgesetz gilt für die Schwer- bzw. Gewichtskraft $F = m \cdot g$, wobei g die Erdbeschleunigung bzw. der Ortsfaktor ist. Die Schwerkraft wirkt immer in Richtung Zentrum der Erde und sorgt dafür, dass kein Mensch von der Erde „herunterfällt", und dass der Regen stets nach unten rieselt.

Schwermetall Metalle, deren Dichte größer als 5 g/cm^3 liegt. Oft handelt es sich um giftige und umweltschädliche Stoffe. Beispiele: Blei, Kupfer, Cadmium, Quecksilber, Uran, Plutonium.

Signalbotenstoff Hormone. Chemische Substanzen, die auf unterschiedlichen Wegen Signale oder Informationen zwischen den Organismen oder zwischen den Zellen eines Organismus übertragen.

Siliciumdioxid Quarz/Sand. Grundlegendes Strukturelement der verschiedenen SiO_2-Kristallstrukturen ist ein Tetraeder, bei dem jedes Siliciumatom von vier Sauerstoffatomen umgeben ist. Die SiO_4-Tetraeder sind über ihre Ecken (Sauerstoff) zu einem großen Kristallgitter miteinander verbunden. Formel: SiO_2.

Silikat Wasserunlösliche Mineralien bzw. Verbindungen aus Siliciumdioxid- (SiO_2) bzw. SiO_4-Tetraeder-Einheiten, die sich zu Ketten, Bändern und Schichten anordnen können. Durch Einlagerung anderer Elemente entstehen u. a. begehrte, wertvolle und bekannte Silikate. Beispiele: Opal, Amethyst, Smaragd, Aquamarin, Topas, Olivin, Zirkon, Talk, (Bor)silikatglas.

Singulett-Sauerstoff Angeregtes Sauerstoffmolekül (O_2^*).

Singulett-Zustand Alle organischen Moleküle, wie beispielsweise Kohlenhydrate, Fette, Proteine, Duftstoffe usw. enthalten stets eine gerade Anzahl von Elektronen. Das liegt daran, dass jede Atom-Atom-Bindung über zwei Elektronen vermittelt wird, der so genannten Elektronenpaarbindung (bei einer Doppelbindung sind es vier, bei einer Dreifachbindung sind es sechs Elektronen). Die gepaarten Elektronen einer Bindung besitzen einen antiparallelen (gegenläufigen) Spin. Unter dem Spin versteht man den Drall, die Drehbewegung, den Drehimpuls eines Elektrons. Dieser Spin kann (quantenmechanisch gesehen) genau zwei Werte annehmen. Ganz vereinfacht gesagt: links herum oder rechts herum. Ist die Drehbewegung der beiden Elektronen gegenläufig, so bezeichnet man diesen Zustand als Singulett (S). Das rührt daher, dass solche Moleküle mit einem Magnetfeld nicht reagieren; sie bleiben „Singles". Im Gegensatz dazu gibt es neben den angeregten Singulett-Zuständen (S1 und S2) auch angeregte Moleküle mit gleichläufigem (parallelem) Spin. Diese befinden sich im so genannten Triplett-Zustand (T), weil sie mit einem Magnetfeld wechselwirken und sich dreifach aufspalten. Bei der Phosphoreszenz spielt dieser Effekt eine wichtige Rolle.

Sklerotin Strukturprotein, das vor allem in der Außenhaut von Krebstieren vorkommt und mit Chitin einen harten Panzer bildet.

Spülsaum Bei höchstem Wasserstand am Meeresstrand angeschwemmte, trocken liegende Ablagerungen aus Pflanzen- und Tierresten (oder auch Müll).

Stärke Ein Vielfachzucker (Polysaccharid), der aus Tausenden von α-D-Glucose-Einheiten besteht. Stärke kommt in allen

Pflanzen als Energiespeicherstoff vor. Sie ist keine einheitliche Substanz, sondern besteht zu 25 % aus wasserlöslicher Amylose, einer Schraube (Helix) aus etwa 200–5000 Glucose-Molekülen. Der Rest ist das aus einigen Tausend Glucose-Einheiten verzweigt aufgebaute Amylopektin.

Stickoxid Sammelbezeichnung für verschiedene gasförmige Verbindungen, die aus Stickstoff (N) und Sauerstoff (O) aufgebaut sind. Die beiden wichtigsten Verbindungen sind Stickstoffmonoxid (NO) und Stickstoffdioxid (NO_2). Sie entstehen durch die Verbrennung fossiler Energieträger und können zu einer Vielzahl von negativen Gesundheits- und Umweltwirkungen führen. Formel: NO_x.

Stickstoffdioxid Rotbraunes, giftiges, stechend riechendes Gas. Mit Wasser entsteht Salpetersäure. Formel: NO_2.

Strahlungsenergie Energie, die von elektromagnetischen Wellen transportiert wird. Beispiele: Licht, Wärmestrahlung (Infrarotlicht), UV-Strahlung, Röntgenstrahlung.

Strahlungslose Schwingungsrelaxation Regt man ein Molekül mit UV-Licht an, so wird es durch Energieaufnahme in ein höheres Energieniveau katapultiert. In diesem angeregten Zustand schwingt das Molekül hin und her und kann mit anderen Molekülen zusammenstoßen. Dabei gibt es seine Energie an das gestoßene Molekül ab – wie bei zwei aufeinander prallende Billardkugeln. Dieser Vorgang wird als Schwingungsrelaxation bezeichnet. Relaxation meint Entspannung, Erschlaffung, sprich hier der allmähliche Übergang vom hoch angeregten in einen weniger angeregten Zustand. Da bei diesem Vorgang keine Strahlung entsteht, spricht man von einem strahlungslosen Ablauf.

Streckschwingung Schwingung entlang der Verbindung zweier Atome, die durch Strecken und Zusammenziehen entsteht. Analogie zum Menschen: Als ob man seine Arme nach oben streckt und wieder anwinkelt, wie bei einem Jubelschrei. Auch Valenzschwingung genannt.

Streuung Ungerichtete oder diffuse Reflexion. Alle Lichtstrahlen werden vom Material in ganz unterschiedlichen Richtungen „kreuz und quer“ reflektiert. Fast alle Gegenstände oder

Partikel streuen das Licht und reflektieren es nicht. Die resultierende Farbe ist Weiß, so wie Nebel, Wolken oder Schnee. Farbe entsteht allein durch Lichtabsorption (Lichtaufnahme). Sind die Partikel kleiner als die Wellenlänge des Lichts, also kleiner als 400–700 nm, ist eine wellenabhängige Streuung, die sogenannte Rayleigh-Streuung die Folge. Die Gasmoleküle der Luft sind sehr viel kleiner. Kurzwelliges Licht, wie das blaue Licht, wird wesentlich stärker gestreut als langwelliges Licht, wie das rote Licht, da der Streufaktor umgekehrt proportional zur Wellenlänge ist, und zwar in der vierten Potenz (Streuung $\sim \frac{1}{\lambda^4}$). Daher erscheint der Himmel blau (und der Sonnenuntergang rot). Hätte rotes Licht die kürzere Wellenlänge als blaues Licht, hätten wir einen strahlenden roten Himmel und blaue Sonnenuntergänge (gruselige Vorstellung).

Strukturprotein Eiweißmoleküle, die für den Aufbau und die Stabilität von Zellen oder Organismen dienen. Sie sorgen für ein festes „Gerüst" (Bindegewebe). Die Abfolge ihrer Aminosäuren ist regelmäßig und bildet lange Fasern aus. Beispiele: Kollagen, Keratin

Symbiose Zusammenleben von Lebewesen verschiedener Art zu gegenseitigem Nutzen.

Tensid Waschaktive Substanz bestehend aus zwei verschiedenen Molekülgruppen: Der „Kopf" ist hydrophil (wasserliebend) und der angrenzende „Schwanz" ist fettliebend. Beide Eigenschaften sind vereint in einem Molekül und es bewirkt somit das Lösen von Fetten in Wasser. Bei Lebensmitteln werden Tenside als Emulgatoren bezeichnet.

Tera 10^{12} = Faktor 1 Billion. Zeichen: T.

Tetraeder Platonischer Körper (Polyeder) mit vier gleichseitigen Dreiecken als Seitenflächen.

Thermische Äquilibrierung Ein durch UV-Licht angeregtes Molekül kann seine Energie auch als Wärme an die Umgebung abgeben. Dieser Abgleich von angeregter und „abgeregter" Energie wird als Äquilibrierung (auch Equilibrierung) bezeichnet.

Totalreflexion Überschreitet der Einfallswinkel den Grenzwinkel, so entsteht Totalreflexion, d. h., es gibt keine gebrochenen Lichtstrahlen mehr und das Licht wird vollständig an der Grenzfläche reflektiert. Als Grenzwinkel bezeichnet man denjenigen Einfallswinkel, der zum Brechungswinkel von 90° gehört. Der Grenzwinkel existiert nur für den Lichtweg vom optisch dichteren zum optisch dünneren Medium.

Transferase Enzym, das die Übertragung einer Molekülgruppe von einer Substanz auf eine andere Substanz katalysiert. Beispiel: a) Hexokinase – sie überträgt eine Phosphatgruppe auf ein Glucosemolekül, sodass es für unseren Energiestoffwechsel verwertbar wird. b) Glycosyltransferase – sie überträgt ein Zuckermolekül auf ein Protein über Bindung an eine OH-Gruppe. Dadurch entstehen Glycoproteine, die als Strukturbausteine für die Zell-Zell-Interaktionen und für die Schleimbildung von Bedeutung sind.

Transmission Durchgang von (Licht-)Strahlen durch ein Medium ohne Änderung der Frequenz.

Treibhauseffekt Er beschreibt die Wirkung von Treibhausgasen in der Atmosphäre auf die Temperatur der Erdoberfläche. Der natürliche Treibhauseffekt bringt die Durchschnittstemperatur der Erde auf +14 °C, die ohne die Gase Wasserdampf, Kohlendioxid, Methan und Lachgas um 33 °C tiefer bei −18 °C liegen würde. Dieses Millionen Jahre alte Gleichgewicht wird durch den menschengemachten (anthropogenen) Treibhauseffekt dramatisch gestört. Der massive zusätzliche Ausstoß der Treibhausgase Kohlendioxid, Methan und Lachgas führt zu dramatischen Veränderungen des Weltklimas, der Luft- und Meerestemperaturen.

Treibhausgas Gase in der Erdatmosphäre, die den Treibhauseffekt verursachen. Die meisten Treibhausgase haben einen natürlichen, aber auch einen menschengemachten Ursprung. Die bekanntesten Treibhausgase Kohlendioxid (CO_2), Methan (CH_4) und Lachgas (N_2O) sind natürlicherweise in geringen Konzentrationen in der Atmosphäre zu finden. Durch verschiedene menschengemachte Quellen hat sich der

Anteil seit Beginn des letzten Jahrhunderts jedoch drastisch erhöht.

Troposphäre Unterste Schicht der Atmosphäre bis etwa 12 km Höhe. Hier spielt sich das Wetter ab.

UV-Licht UV-Licht hat eine kürzere Wellenlänge als blaues Licht und wird in drei Kategorien unterteilt. UV-A-Strahlung reicht von 380 bis 315 nm und UV-B-Licht von 315 bis 280 nm. UV-C-Strahlung (218–100 nm) ist noch energiereicher, wird aber zum Glück komplett von der Atmosphäre absorbiert.

Verdauungsenzyme Substanzen, die unsere Nahrung in ihre Einzelteile zerlegen, um sie für den Stoffwechsel zugänglich zu machen. Langkettige und große Moleküle werden in kleinere Verbindungen aufgespalten. Das fängt im Mund an und geht im Magen bis zum Darm weiter.

Viren Kurz: durch Proteinhüllen eingepacktes Erbmaterial. Winzige Organismen, die nur aus Membran und Proteinhüllen bestehen, in deren Inneren sich die virale Erbsubstanz und ggfs. einige virale Enzyme befinden. Viren sind von sich aus nicht lebens- und vermehrungsfähig und benötigen daher Wirtszellen, in die sie eindringen. Größe: 20–300 nm.

Virostatisch Virenhemmend. Virustatika sind Medikamente, die die Vermehrung von Viren stoppen.

Vitamin C Ascorbinsäure. Farbloser, leicht sauer schmeckender Feststoff. Ascorbinsäure wird in Pflanzen enzymatisch aus Glucose hergestellt. Daher erhält sie alle ihre sechs Kohlenstoffatome aus der Glucose und ist somit ein Zuckerabkömmling. Sie kann eins ihrer Wasserstoffatome als H^+-Ion leicht abgeben und hat in wässriger Lösung einen pH-Wert von 4–5, reagiert also ziemlich sauer. Im Körper ist Vitamin C an vielen biochemischen Reaktionen beteiligt, beispielsweise bei der Biosynthese von Kollagen/Bindegewebe. Bei einem Mangel an Vitamin C entsteht Skorbut. Tagesbedarf: ca. 100 mg.

Vulpinsäure Gelber, giftiger Farbstoff, der in Flechten vorkommt und unter UV-Licht fluoresziert.

Wärmekapazität Vermögen eines Körpers oder einer Substanz, Energie in Form von Wärme aufzunehmen und zu speichern. Der flüssige Weltrekordhalter mit der weltweit höchsten Wärmekapazität ist Wasser. Daher löscht die Feuerwehr so gerne mit Wasser und die Heizungen verwenden Wasser als Wärmevermittler.

Wärmestrahlung Energieübertragung ohne Stoffvermittlung. Bei der Wärmestrahlung besteht kein direkter Kontakt zu einem heißen Gegenstand (i. G. zur Wärmeströmung und Wärmeleitung). Es wird auch keine erwärmte Materie (Gas oder Flüssigkeit) transportiert. Alle heißen Gegenstände geben Wärmestrahlung ab. Auf diese Weise gelangt auch die Energie von der Sonne auf die Erde und kann dort entweder an hellen, glänzenden Oberflächen reflektiert oder an dunklen, matten Oberflächen absorbiert werden. Bei Aufnahme der Wärmestrahlung erhitzt sich ein Körper und seine Temperatur nimmt zu. Beispiele: Im Sommer trägt man lieber weiße oder helle Kleidung. Kühlfahrzeuge sind meistens mit heller Farbe angestrichen. Tüten für heiße Hähnchen sind innen mit Alufolie beschichtet. Schokoküsse sind oft in verspiegelten Kartons eingepackt. Schwarzer Autolack wird in der Sonne viel heißer als weißer Lack. Rettungsfolien sind silber- oder goldglänzend beschichtet.

Wasserstoffbrückenbindung Die beiden Wasserstoffatome von Wasser (H_2O) sind etwas „positiviert" und können mit den etwas „negativierten" Sauerstoffatomen benachbarter Wassermoleküle eine Bindung eingehen.

Wellenlänge Der Abstand zwischen zwei aufeinanderfolgenden Wellenbergen oder -tälern heißt Wellenlänge der Welle. Beispiele: UKW/FM-Radiowellen haben eine Wellenlänge von ca. 3 m. Rotes Licht hat eine Wellenlänge von etwa 650 nm = 0,00000065 m. Formelzeichen: λ

Wimpertiere Wimpertiere sind einzellige Mikroorganismen (Zooplankton) und kommen mit rund 7500 Arten in allen Gewässern der Welt vor. Mit ihren vielen Wimpern auf der Körperoberfläche sind in der Lage, vorwärts, rückwärts, in Bögen und mit unterschiedlicher Geschwindigkeit zu schwimmen. Sie bewegen sich äußerst flink und sind sehr lebhaft. Größe: 10–300 µm.

Xanthophylle Mit Sauerstoff angereicherte, oxidierte Carotinoide. Diese ebenfalls natürlichen in Pflanzen hergestellten Farbpigmente enthalten also neben vielen Kohlenstoff- und Wasserstoffatomen zusätzlich eine OH-Gruppe und/oder ein Sauerstoffatom. Der Name stammt aus dem Griechischen und bedeutet „gelbes Blatt". Beispiele: Lutein (orangegelber Blattfarbstoff, auch Lebensmittelfarbstoff E161b), Capsanthin (roter Paprikafarbstoff, auch Lebensmittelfarbstoff E160c), Zeaxanthin (gelboranger Blattfarbstoff, auch in Maiskörnern, Eigelb, Pfirsichen, Safran), Astaxanthin (Lachs, Garnelen, Hummer).

YAG-Leuchtstoff Künstlich hergestellte Verbindung mit der chemischen Zusammensetzung $Y_3Al_5O_{12}$. Die Abkürzung YAG bedeutet: Yttrium-Aluminium-Granat, wobei Granat eine bestimmte Kristallstruktur meint. Mit Cer dotiertes YAG-Pulver ($YAG:Ce^{3+}$) kommt als gelber Leuchtstoff in LEDs zum Einsatz, die mit Hilfe von Indiumgalliumnitrid blauviolettes Licht erzeugen, das somit in warmweißes Licht umgewandelt wird.

Zuckertang Großalge, die vor allem im Atlantik, in Nord- und Ostsee, aber auch im Mittelmeer vorkommt. Zuckertang ist die größte aller Braunalgen, betreibt Photosynthese, ist essbar und schmeckt aufgrund seiner Zuckerstoffe süßlich. Daher sein Name. Zuckertang kann 1–4 m lang und bis zu 30 cm breit werden und bildet lang gewellte Algengirlanden aus.

Printed in the United States
by Baker & Taylor Publisher Services